应用型本科院校"十二五"规划教材

C语言程序设计学习指导

第2版

主　编　常子楠

副主编　吕艳琳

南京大学出版社

图书在版编目(CIP)数据

C语言程序设计学习指导 / 常子楠主编. —2 版. —
南京：南京大学出版社，2016.2(2022.12 重印)
应用型本科院校"十二五"规划教材
ISBN 978 - 7 - 305 - 16414 - 9

Ⅰ. ①C… Ⅱ. ①常… Ⅲ. ①C 语言－程序设计－高等
学校－教学参考资料 Ⅳ. ①TP312

中国版本图书馆 CIP 数据核字(2015)第 315349 号

出版发行 南京大学出版社
社 址 南京市汉口路 22 号 邮 编 210093
出 版 人 金鑫荣

丛 书 名 应用型本科院校"十二五"规划教材
书 名 C语言程序设计学习指导(第 2 版)
主 编 常子楠
责任编辑 王秉华 单 宁 编辑热线 025 - 83596923

照 排 南京开卷文化传媒有限公司
印 刷 广东虎彩云印刷有限公司
开 本 787×1092 1/16 印张 10.25 字数 237 千
版 次 2016 年 2 月第 2 版 2022 年 12 月第 11 次印刷
ISBN 978 - 7 - 305 - 16414 - 9
定 价 28.00 元

网 址：http://www.njupco.com
官方微博：http://weibo.com/njupco
官方微信号：njupress
销售咨询热线：(025)83594756

前　言

随着科学技术的不断发展，计算机已作为一种文化纳入到基础教育之中，计算机基础教育也日益成为高校培养人才的重要内容。《C语言程序设计》是很多高校理工科各专业本科生必修的计算机基础课，通过这门课程的学习，不仅可使学生获得程序设计语言的知识，还可锻炼学生的逻辑思维能力，对学生综合素质的提高具有一定的促进作用。本书为课程学习指导，包含教学大纲、章节习题和实验指导，作为《C语言程序设计》课程的配套学习用书。

章节习题部分根据章节特点设置了选择题、程序填空题、程序改错题和程序设计题，题型借鉴了全国计算机等级考试，可供学生在每章学习结束后复习，以巩固上课所学内容，也可作为参加全国计算机等级考试二级C语种的练习内容。

实验指导共分成4个部分，初级程序设计只包含顺序结构和控制结构，中级程序设计加入了函数和数组，高级程序设计部分加入了指针和字符串操作，构造类型程序设计主要针对结构体、链表练习。每部分实验增加了讨论、思考题，供学生选择练习。

本书在《C语言程序设计学习指导》第一版的基础上做了一定的修订和补充，常子楠完成习题部分的编写，吕艳琳完成实验指导的编写，常子楠负责整体统稿。陆雨花、沈奇、王预、张颖参与了本书的前期准备工作，在此由衷的表示感谢。

限于作者水平，书中难免有不当之处，敬请读者批评指正。

编　者
2015 年 12 月

目　录

第一部分　教　学　大　纲

第二部分　各　章　习　题

第三部分　实　验　指　导

第一部分

教学大纲

《C 语言程序设计》教学大纲

C　Language Programming

一、课程的性质、目的与要求

课程性质:必修课、计算机类基础课、主干课

教学目的:通过系统学习 C 语言的基本知识和基本语法,较好地训练学生解决问题的逻辑思维能力以及编程思路和技巧,训练学生结构化程序设计的思想,使学生具有较强的利用 C 语言编写软件的能力,为培养有较强软件开发能力的计算机本科生打下良好基础。

教学要求:通过本课程的学习,应熟练掌握结构化程序设计的基本知识,C 语言中的基本知识、各种语句及程序控制结构,熟练掌握 C 语言的数组、指针、结构体、链表等数据结构的基本算法;并能熟练地运用 C 语言进行结构化程序设计;具有较强的程序修改调试能力;具备较强的逻辑思维能力和独立思考能力。

二、教学内容

第一章　C 语言概述

基本要求:了解 C 语言的发展及应用现状,掌握 C 语言的特点及其编译。了解什么是"编程",以及"编程"的相关步骤。

重点:C 语言的特点。

难点:C 语言的特点及其编译。

第二章　C 数据类型

基本要求:了解常量、变量的概念,了解各种类型常量的表示,掌握标识符的命名规则,掌握简单的屏幕输出,掌握 C 语言的各种数据类型,了解测试数据长度运算 sizeof( ),熟练掌握变量的赋值和赋值运算符。

重点:简单的屏幕输出,C 语言各种数据类型,变量的赋值。

难点:C 语言各种数据类型。

第三章　运算符和表达式

基本要求:了解 C 语言中运算符和表达式的概念,了解运算符的优先级与结合性,掌握各种运算符的使用,掌握符号常量及宏定义,掌握不同类型数据之间的类型转换,掌握常用的标准数学函数。

重点:算术运算符、自增和自减运算符、关系运算、逻辑运算、复合的赋值运算符的使用特点,清楚每种运算符的优先级与结合性及表达式的值。宏定义,不同类型数据之间的类型转换。

难点:自增自减运算符,宏定义的展开,不同类型数据间的运算。

第四章　键盘输入和屏幕输出

基本要求:掌握单个字符的输入/输出,掌握数据的格式化屏幕输出、格式化键盘输入。

重点: scanf( )、printf( )、putchar( )、getchar( )函数的使用。

难点:格式化键盘输入。

第五章　选择控制结构

基本要求:了解算法的概念及描述方法,掌握 if 语句(if; if…else…;if…else if…else…)的使用,if-else 语句的嵌套使用,掌握 switch 和 break 语句的使用。

重点:if-else 语句的使用,if-else 语句的嵌套使用,switch 语句及 switch 与 break 语句的结合使用。

难点:if-else 语句的嵌套使用。

第六章　循环控制结构

基本要求:掌握 for 语句、while 语句和 do-while 语句的使用,掌握 break、continue 语句与循环语句的结合使用,循环语句的嵌套使用,循环语句解决算法问题(如数列问题、穷举算法、密码问题等)。

重点:for 语句、while 语句和 do-while 语句的使用,break 和 continue 语句与循环语句的使用,循环语句的嵌套使用。

难点:循环语句的嵌套使用,循环语句解决算法问题(如数列问题、穷举算法、密码问题等)。

第七章　函数

基本要求:了解函数的定义,掌握函数的调用(一般调用、嵌套调用、递归调用),掌握向函数传递值和从函数返回值,掌握变量作用域和存储类型,掌握静态变量的使用。

重点:向函数传递值和从函数返回值,变量作用域,静态变量的使用,函数嵌套调用和递归调用。

难点:函数的递归和嵌套调用,静态变量的使用。

第八章 数组

基本要求:了解一维数组、二维数组的定义与初始化,掌握数组元素的引用,掌握向函数传递数组,掌握用数组解决统计问题、极值问题、查找与排序问题。

重点:向函数传递数组,使用数组解决统计问题、极值问题、查找与排序等问题。

难点:数组的排序和查找。

第九章 指针

基本要求:理解变量的内存地址,了解指针、指针变量的概念,掌握指针变量的定义与初始化,掌握指针的加减运算和赋值运算,了解指针的关系运算,掌握间接寻址运算符,掌握按值调用和按地址调用,掌握指针和一维数组间的关系,掌握指针和二维数组间的关系,了解函数指针及其应用。

重点:间接寻址运算,按值调用和按地址调用,通过指针实现数组相关算法。

难点:按值调用和按地址调用。

第十章 字符串

基本要求:了解字符串常量的概念,掌握字符串的存储,掌握字符指针,掌握字符串的输入与输出,掌握字符串函数的使用,掌握向函数传递字符串,掌握指针数组及其应用。

重点:字符指针,字符串处理函数,向函数传递字符串,指针数组用于表示多个字符串。

难点:字符串的查找、插入、删除等处理,指针数组用于表示多个字符串。

第十一章 构造数据类型

基本要求:了解自定义类型的定义方法,理解结构体、共同体类型的定义,掌握结构体变量及数组的定义与使用,掌握结构体指针的定义与使用,掌握单链表的定义,单链表的建立及结点的插入、删除运算,掌握枚举类型变量的定义与使用。

重点:结构体类型的声明,结构体变量及数组的定义、初始化、引用,结构体指针的定义与使用,链表的定义,单链表的建立与结点的插入、删除运算,枚举类型变量的定义与使用。

难点：单链表的建立与结点的插入、删除运算,结构体指针的定义与使用。

第十二章　文件

基本要求：了解文件的分类,了解文件函数使用时包含的头文件,掌握文件类型指针的定义,掌握文件打开与关闭函数的使用,熟练掌握文件读写操作函数的使用,掌握部分文件定位函数及检测函数的使用。

重点：文件打开与关闭函数的使用,文件的读写操作。

难点：文件定位及检测函数的使用。

三、课时分配建议

序号	章节	内　　　容	理论环节课时数	实验课时数	其他环节
1	一	为什么要学 C 语言	1		
2	二	C 数据类型	2		
3	三	简单的算术运算和表达式	2		
4	四	键盘输入和屏幕输出	1	2	
5	五	选择控制结构	4	2	
6	六	循环控制结构	6	2	
7	七	函数	6	2	
8	八	数组	8	4	
9	九	指针	8	4	
10	十	字符串	8	4	
11	十一	结构体和共用体	8	2	
12	十二	文件操作	2	2	
合　计			56	24	
总学时			80		

四、建议教材与教学参考书

序　号	书　　名	编　者	出版社	版　本
1	《C 语言程序设计》(第 2 版)	苏小红	高等教育出版社	2013.8
2	《C 程序设计》(第四版)	谭浩强	清华大学出版社	2010.6

第二部分

各 章 习 题

第一章 概 述

一、单项选择

1. C 语言程序中要调用输入输出函数时,在#include 命令行中应包含　　 （　　）
   A．"ctype. h"　　　　B．"string. h"　　　　C．"stdio. h"　　　　D．"math. h"

2. 完成 C 源文件编辑后、到生成执行文件,C 语言处理系统必须执行的步骤依次为
    　　　　　　　　　　　　　　　　　　　　　　　　　　　　　　 （　　）
   A．连接、编译　　　　B．编译、连接　　　　C．连接、运行　　　　D．运行

3. C 语言程序从 main（）函数开始执行,所以这个函数要写在　　 （　　）
   A．程序文件的开始
   B．程序文件的最后
   C．程序文件的任何位置（除别的函数体内）
   D．它所调用的函数的前面

4. 一个算法应该具有"确定性"等 5 个特性,下面对另外 4 个特性的描述中错误的是
    　　　　　　　　　　　　　　　　　　　　　　　　　　　　　　 （　　）
   A．可行性　　　　　　　　　　　　　B．有穷性
   C．有零个或多个输出　　　　　　　　D．有零个或多个输入

5. 有一个命名为 C001. C 的 C 语言源程序,当正常执行后,在当前目录下不存在的文件是　　　　　　　　　　　　　　　　　　　　　　　　　　　　　（　　）
   A．C001. OBJ　　　　B．C001. C　　　　C．C001. EXE　　　　D．C001. DAT

6. 对用 C 语言编写的代码程序,以下叙述中哪个是正确的　　 （　　）
   A．是一个源程序　　　　　　　　　　B．可立即执行
   C．经过编译解释才能执行　　　　　　D．经过编译即可执行

7. 以下叙述正确的是　　　　　　　　　　　　　　　　　　　　 （　　）
   A．在对一个 C 程序进行编译的过程中,可发现注释中的拼写错误
   B．C 语言本身没有输入输出语句
   C．在 C 程序中,main 函数必须位于程序的最前面
   D．C 程序的每行中只能写一条语句

8. 一个 C 语言程序是由　　　　　　　　　　　　　　　　　　　(　)

   A. 一个主程序和若干子程序组成　　　B. 若干子程序组成

   C. 函数组成　　　　　　　　　　　　D. 若干过程组成

9. 以下叙述中正确的是　　　　　　　　　　　　　　　　　　　(　)

   A. C 语言的每条可执行语句最终都将被转换成二进制的机器指令

   B. C 语言的函数不可以单独进行编译

   C. C 语言的源程序不必通过编译就可以直接运行

   D. C 语言的源程序经编译形成的二进制代码可以直接运行

10. 一个 C 程序的执行是从　　　　　　　　　　　　　　　　　(　)

   A. 本程序文件的第一个函数开始,到本程序 main 函数结束

   B. 本程序的 main 函数开始,到 main 函数结束

   C. 本程序的 main 函数开始,到本程序文件的最后一个函数结束

   D. 本程序文件的第一个函数开始,到本程序文件的最后一个函数结束

11. C 语言源程序的基本单位是　　　　　　　　　　　　　　　　(　)

   A. 子程序　　　　B. 过程　　　　　C. 函数　　　　　D. 标识符

12. C 语言的注释定界符是　　　　　　　　　　　　　　　　　　(　)

   A. \ * 　　 * \ 　B. { } 　　　　　C. [ ] 　　　　　D. / * 　　 * /

13. C 语言源程序名的后缀是　　　　　　　　　　　　　　　　　(　)

   A. . cp 　　　　　B. . c 　　　　　C. . obj 　　　　D. . exe

14. C 语言源程序文件经过 C 编译程序编译连接之后生成一个后缀为( )的可执行文件　　　　　　　　　　　　　　　　　　　　　　　　　　　　(　)

   A. . obj 　　　　　B. . exe 　　　　C. . c 　　　　　D. . bas

第二章　数据类型

一、单项选择

1. 下列选项中，合法的 C 语言关键字是　　　　　　　　　　　　　　（　　）

A. VAR　　　　　　B. cher　　　　　　C. integer　　　　　D. default

2. 已知某编译系统中 signed int 类型数据的长度是 16 位，该类型数据的最大值是

（　　）

A. 32767　　　　　B. 32768　　　　　C. 127　　　　　　D. 65535

3. 以下选项中，不能用作 C 语言标识符的是　　　　　　　　　　　　（　　）

A. print　　　　　　B. FOR　　　　　　C. &a　　　　　　D. __00

4. 设有说明语句 char　a = '\101';，则变量 a　　　　　　　　　　　（　　）

A. 包含 4 个字符　　B. 包含 2 个字符　　C. 包含 3 个字符　　D. 包含 1 个字符

5. 以下所列字符常量中，不合法的是　　　　　　　　　　　　　　　（　　）

A. '\0xa2'　　　　　B. '\65'　　　　　　C. '$'　　　　　　D. '\x2a'

6. 以下所列的 C 语言常量中，错误的是　　　　　　　　　　　　　　（　　）

A. 0Xff　　　　　　B. 1.2e0.5　　　　　C. 2L　　　　　　D. '\72'

7. 以下选项中合法的用户标识符是　　　　　　　　　　　　　　　　（　　）

A. __2Test　　　　　B. long　　　　　　C. A. dat　　　　　D. 3Dmax

8. 下列字符序列中，是 C 语言保留字的是　　　　　　　　　　　　　（　　）

A. include　　　　　B. sizeof　　　　　C. sqrt　　　　　　D. scanf

9. 以下标识符中，不能作为合法的 C 用户定义标识符的是　　　　　　（　　）

A. signed　　　　　B. __if　　　　　　C. to　　　　　　D. answer

10. C 语言中的标识符只能由字母，数字和下划线三种字符组成，且第一个字符（　　）

A. 必须为下划线　　　　　　　　　B. 可以是字母，数字和下划线中任一字符

C. 必须为字母　　　　　　　　　　D. 必须为字母或下划线

11. 以下数据中，不正确的数值或字符常量是　　　　　　　　　　　　（　　）

A. 0　　　　　　　　B. o13　　　　　　C. 5L　　　　　　D. 9861

12. 已定义 ch 为字符型变量，以下赋值语句中错误的是　　　　　　　（　　）

A. ch = '\xaa';　　B. ch = NULL;　　C. ch = '\';　　D. ch = 62 + 3;

13. C语言中,字符(char)型数据在微机内存中的存储形式是　　　　　　　(　　)

    A. 反码　　　　　B. EBCDIC 码　　　C. ASCII 码　　　D. 补码

14. 不合法的十六进制数是　　　　　　　　　　　　　　　　　　　　　(　　)

    A. 0Xabc　　　　　B. 0x19　　　　　　C. 0x11　　　　　D. oxff

15. 以下选项中正确的实型常量是　　　　　　　　　　　　　　　　　　(　　)

    A. 0.03×10^2　　　B. 32　　　　　　　C. 3.1415　　　　D. 0

16. 以下选项中正确的整型常量是　　　　　　　　　　　　　　　　　　(　　)

    A. 4/5　　　　　　B. 5　　　　　　　C. __10　　　　　D. 1.000

17. 不合法的八进制数是　　　　　　　　　　　　　　　　　　　　　　(　　)

    A. 01　　　　　　　B. 0　　　　　　　C. 07700　　　　D. 028

18. 与十进制数97不等值的字符常量是　　　　　　　　　　　　　　　　(　　)

    A. '\101'　　　　　B. '\x61'　　　　　C. '\141'　　　　D. 'a'

19. 下面四个选项中,均是不合法的浮点数的选项是　　　　　　　　　　(　　)

    A. - e3　.234　1e3　　　　　　　B. 160.　0.12　　e3

    C. 123　2e4.2　.e5　　　　　　　D. -.18　123e4　0.0

20. 以下叙述中错误的是　　　　　　　　　　　　　　　　　　　　　　(　　)

    A. 用户所定义的标识符应尽量做到"见名知意"

    B. 用户所定义的标识符允许使用关键字

    C. 用户定义的标识符中,大、小写字母代表不同标识

    D. 用户所定义的标识符必须以字母或下划线开头

21. 以下字符中不是转义字符的是　　　　　　　　　　　　　　　　　　(　　)

    A. '\\'　　　　　　B. '\c'　　　　　　C. '\t'　　　　　D. '\b'

22. 若有以下定义:char　s = '\092'; 则该语句　　　　　　　　　　　　(　　)

    A. 使 s 的值包含 1 个字符　　　　B. 使 s 的值包含 4 个字符

    C. 使 s 的值包含 3 个字符　　　　D. 定义不合法,s 的值不确定

23. C语言中的简单数据类型有　　　　　　　　　　　　　　　　　　　(　　)

    A. 整型、实型、字符型　　　　　　B. 整型、字符型、逻辑型

    C. 整型、实型、逻辑型　　　　　　D. 整型、实型、逻辑型、字符型

24. 以下选项中不正确的实型常量是　　　　　　　　　　　　　　　　　(　　)

    A. 456e - 2　　　　B. 0.05e + 1.5　　C. 2.670E - 1　　D. -77.77

25. 下列变量说明语句中,正确的是　　　　　　　　　　　　　　　　　(　　)

    A. char a;b;c;　　B. int x,z;　　　　C. char;a b c;　　D. int x;z;

26. 以下定义语句中正确的是　　　　　　　　　　　　　（　　）

    A. int　a = b = 0;　　　　　　　　B. char a = 65 * 1,b = 'b';

    C. float a = b,b = 1;　　　　　　　D. double a = 1.0;b = 2.0;

27. 若有以下程序段,运行结果是　　　　　　　　　　　（　　）

```
int a;
a = a +1;
printf("%d",a);
```

    A. 输出 0　　　　　　　　　　　　B. 输出 1

    C. 输出不确定的数　　　　　　　　D. 编译出错

第三章 运算符和表达式

一、单项选择

1. 在 C 语言中,要求运算数必须是整型的运算符是 　　　　　(　)

   A. %　　　　　　 B. /　　　　　　　 C. +　　　　　　 D. !

2. 以下程序的输出结果是 　　　　　　　　　　　　　　　　(　)

```
main()
{ int  x =10,  y =3;
   printf("%d\n", y =x /y);
}
```

   A. 不确定的值　　 B. 0　　　　　　　 C. 1　　　　　　 D. 3

3. 下列程序的输出结果为(　)

```
main()
{ int m =7,n =4;
   float  a =38.4,b =6.4,x;
   x =m /2 +n *a /b +1 /2;
   printf("% f \n",x);
}
```

   A. 28.000000　　 B. 27.500000　　 C. 28.500000　　 D. 27.000000

4. 若变量均已正确定义并赋值,以下合法的 C 语言赋值语句是 　　　(　)

   A. 5 =x =4 +1;　 B. x ==5;　　　 C. x +n =I;　　 D. x =n /2.5;

5. 若变量已正确定义并赋值,下面符合 C 语言语法的表达式是 　　　(　)

   A. int 18.5%3　 B. a:=b +1　　　 C. a =a +7 =c +b　 D. a =b =c +2

6. 以下叙述中正确的是 　　　　　　　　　　　　　　　　　　　(　)

   A. 在赋值表达式中,赋值号右边既可以是变量也可以是任意表达式

   B. a 是实型变量,C 允许以下赋值 a =10,因此可以这样说实型变量中允许存放整型值

   C. 执行表达式 a =b 后,在内存中 a 和 b 存储单元中的原有值都将被改变,a 的值已由原值改变为 b 的值,b 的值由原值变为 0

D. 已有 a = 3, b = 5。当执行了表达式 a = b, b = a 之后,已使 a 中的值为 5, b 中的
　　值为 3

7. C 语句"x／= y - 2;"还可以写作　　　　　　　　　　　　　　　　　　　　(　　)

　　A. x = x／y - 2;　　　　　　　　　　　　B. x = 2 - y／x;

　　C. x = x／(y - 2);　　　　　　　　　　　D. x = y - 2／x;

8. 若 a 为 int 类型,且其值为 3,则执行完表达式 a += a - = a * a 后, a 的值是(　　)

　　A. - 3　　　　　　　　B. 9　　　　　　　　C. - 12　　　　　　　D. 6

9. 执行下列程序后,其输出结果是(　　)

```
main()
{ int  a = 9;
  a += a - = a + a;
  printf("%d\n",a);
}
```

　　A. 18　　　　　　　　B. - 18　　　　　　　C. - 9　　　　　　　D. 9

10. 若有以下程序:

```
main()
{ int k = 2, i = 2, m;
  m = (k += i * = k);
  printf("%d,%d\n",m,i);
}
```

　　执行后的输出结果是　　　　　　　　　　　　　　　　　　　　　　　(　　)

　　A. 8,3　　　　　　　　B. 6,4　　　　　　　C. 7,4　　　　　　　D. 8,6

11. 下列关于单目运算符++、--的叙述中正确的是　　　　　　　　　　　　(　　)

　　A. 它们的运算对象可以是 int 型变量,但不能是 double 型变量和 float 型变量

　　B. 它们的运算对象可以是任何变量和常量

　　C. 它们的运算对象可以是 char 型变量、int 型变量和 float 型变量

　　D. 它们的运算对象可以是 char 型变量和 int 型变量,但不能是 float 型变量

12. 执行以下程序段后,输出结果和 a 的值是(　　)

```
int a = 10; printf("%d",a ++);
```

　　A. 11 和 10　　　　　B. 11 和 11　　　　　C. 10 和 11　　　　　D. 10 和 10

13. 执行语句 y = 10; x = y ++ ;后变量 x 和 y 的值是　　　　　　　　　　(　　)

　　A. x = 10, y = 11　　　　　　　　　　　　B. x = 11, y = 10

　　C. x = 11, y = 11　　　　　　　　　　　　D. x = 10, y = 10

14. 若 k,g 均为 int 型变量,则下列语句的输出为(　　　)

    k = 017; g = 111; printf("%d\t",++k); printf("%x\n",g ++);

    A. 16　　6f　　　B. 15　　6f　　　C. 16　　70　　　D. 15　　71

15. 以下选项中,与 k = n++ 完全等价的表达式是　　　　　　　　　　(　　)

    A. k = n,n = n + 1　　　　　　　　　B. n = n + 1,k = n

    C. k += n + 1　　　　　　　　　　　D. k = ++n

16. 设有 int x = 11; 则表达式 (x++ * 1/3) 的值是　　　　　　　　(　　)

    A. 3　　　　　　B. 4　　　　　　C. 12　　　　　　D. 11

17. 以下程序的输出结果为　　　　　　　　　　　　　　　　　　(　　)

```
main()
{ int  i =010,j =10;
   printf("%d,%d\n",++i,j--);
}
```

    A. 10,9　　　　B. 9,10　　　　C. 11,10　　　　D. 010,9

18. 执行语句"k = 5|3;"后,变量 k 的当前值是　　　　　　　　　　(　　)

    A. 1　　　　　　B. 8　　　　　　C. 7　　　　　　D. 2

19. 以下叙述中不正确的是　　　　　　　　　　　　　　　　　　(　　)

    A. 表达式 a& = b 等价于 a = a&b　　　B. 表达式 a| = b 等价于 a = a|b

    C. 表达式 a! = b 等价于 a = a! b　　　D. 表达式 a^ = b 等价于 a = a^ b

20. 有以下程序:

```
#include <stdio.h >
main()
{
int c,d;
 c =10^3;
 d =10 +3;
 printf("%d,&d\n",c,d);
}
```

    程序运行的输出结果是　　　　　　　　　　　　　　　　　　(　　)

    A. 103,13　　　B. 13,13　　　C. 10,13　　　D. 9,13

21. 有如下程序:

```
#include <stdio.h >
main()
```

```
{
  int a =9,b;
  b = (a>>3)% 4;
  printf("%d,%d\n",a,b);
}
```

程序运行后的输出结果是　　　　　　　　　　　　　　　　　　　　（　　）

A. 9,1　　　　　　　B. 4,0　　　　　　　C. 4,3　　　　　　　D. 9,3

22. 下列关于 C 语言的叙述,错误的是　　　　　　　　　　　　　　　（　　）

　　A. 大写字母和小写字母的意义相同

　　B. 不同类型的变量可以在一个表达式中

　　C. 在赋值表达式中等号(=)左边的变量和右边的值可以是不同的类型

　　D. 同一个运算符号在不同的场合可以有不同的含义

23. 设有说明:char w; int x; float y; double z;则表达式 w * x + z - y 值的数据类型为

　　　　　　　　　　　　　　　　　　　　　　　　　　　　　　　　（　　）

　　A. float　　　　　　B. int　　　　　　　C. double　　　　　　D. char

24. 以下的选择中,正确的赋值语句是　　　　　　　　　　　　　　　（　　）

　　A. y = int(x);　　　B. j + + ;　　　　　C. a = b = 5;　　　　D. a = 1,b = 2

25. 设 a 和 b 均为 double 型常量,且 a = 5.5、b = 2.5,则表达式(int) a + b / b 的值是

　　　　　　　　　　　　　　　　　　　　　　　　　　　　　　　　（　　）

　　A. 6.0　　　　　　　B. 6　　　　　　　　C. 5.5　　　　　　　D. 6.5

26. 下列语句的输出结果是　　　　　　　　　　　　　　　　　　　　（　　）

```
printf("%d\n",(int)(2.5 +3.0)/3);
```

　　A. 2　　　　　　　　　　　　　　　B. 1

　　C. 有语法错误不能通过编译　　　　　D. 0

27. 设有定义"float y = 3.45678;int x;",则以下表达式中能实现将 y 中数值保留小数点后 2 位,第 3 位四舍五入的表达式是　　　　　　　　　　　　　　（　　）

　　A. y = (y * 100 + 0.5) / 100.0　　　　　B. y = (y / 100 + 0.5) * 100.0

　　C. y = y * 100 + 0.5 / 100.0　　　　　　D. x = y * 100 + 0.5,y = x / 100.0

28. 有以下程序

```
main()
{ int x =0.5; char z ='a';printf("%d\n", (x&1)&&(z <'z')); }
```

程序运行后的输出结果是　　　　　　　　　　　　　　　　　　　　（　　）

　　A. 0　　　　　　　　B. 1　　　　　　　　C. 2　　　　　　　　D. 3

29. 有以下程序

```
main()
{ int a,b,d=25; a=d/10%9; b=a&&(-1);
    printf("%d,%d\n",a,b);
}
```

程序运行后的输出结果是   (   )

     A. 6,1   B. 2,1   C. 6,0   D. 2,0

30. 数学式 $2 \leqslant x \leqslant 5$ 在 C 程序中对应正确的表达式为   (   )

     A. (x>=2) 且 (x<=5)   B. (x>=2) AND (x<=5)

     C. (x>=2)&&(x<=5)   D. (2≤x) AND (x≤5)

31. 设有说明"int x=1,y=1,z=1,c;",执行语句"c=--x&&--y||--z;"后,x、y、z 的值分别为   (   )

     A. 0、1、1   B. 0、0、1   C. 1、0、1   D. 0、1、0

32. 以下程序的输出结果是   (   )

```
main()
{ int a=-1,b=4,k;  k=(++a<0)&&!(b---<=0);
    printf("%d%d%d\n",k,a,b);
}
```

     A. 104   B. 103   C. 003   D. 004

33. 已知有声明"int a=3,b=4,c=5;",以下表达式中值为 0 的是   (   )

     A. a&&b   B. a<=b   C. a||b&&c   D. !(!c||1)

34. 设 int x=1,y=1; 表达式(!x||y--)的值是   (   )

     A. 0   B. 1   C. 2   D. -1

35. 已知声明"int x,a=3,b=2;",则执行赋值语句"x=a>b++?a++:b++;"后,变量 x、a、b 的值分别为   (   )

     A. 3 4 3   B. 3 3 4   C. 3 3 3   D. 4 3 4

36. 若 w=1,x=2,y=3,z=4,条件表达式 w<x?w:y<z?y:z 的值为   (   )

     A. 1   B. 2   C. 3   D. 4

37. 设 ch 是 char 型变量,其值为 A,且有下面的表达式:

     ch=(ch>='A'&&ch<='Z')?(ch+32):ch

     上面表达式的值是   (   )

     A. A   B. a   C. Z   D. z

38. 逗号表达式" (a = 3 * 5 , a * 4) , a + 15 "的值是 （ ）

    A. 15   B. 60   C. 30   D. 不确定

39. 已知有声明 int x = 2 ; , 以下表达式中值不等于 8 的是 （ ）

    A. x + = 2 , x * 2   B. x + = x * = x

    C. (x + 7) / 2 * ((x + 1) % 2 + 1)   D. x * 7.2 / x + 1

40. 若以下变量均是整型，且 num = sum = 7 ; 则计算表达式 sum = num + + , sum + + ,

    + + num后 sum 的值为 （ ）

    A. 10   B. 8   C. 7   D. 9

41. 设 int a = 3 , b = 4 ; 执行 printf (" % d , % d " , (a , b) , (b , a)) ; 后的输出结果是

    （ ）

    A. 3 , 4   B. 4 , 3   C. 3 , 3   D. 4 , 4

42. 若 x、i、j 和 k 都是 int 型变量，由 x = (i = 4 , j = 16 , k = 32) 得 x 的值 （ ）

    A. 4   B. 16   C. 32   D. 52

43. sizeof (float) 是 （ ）

    A. 一种函数调用   B. 一个整型表达式

    C. 一个不合法的表达式   D. 一个双精度型表达式

第四章　键盘输入和屏幕输出

一、单项选择

1. printf 函数中用到格式符%5s,其中数字 5 表示输出的字符串占用 5 列,如果字符串长度大于 5,则输出按方式　　　　　　　　　　　　　　　　　　（　　）

 A. 右对齐输出该字串,左补空格 B. 从左起输出该字符串,右补空格

 C. 按原字符长从左向右全部输出 D. 输出错误信息

2. 若变量已正确定义,以下程序段的输出结果是　　　　　　　　　　　（　　）

```
x =5.16894;
printf("%f \n", (int)(x *1000 +0.5) /(float)1000);
```

 A. 5.17000

 B. 输出格式说明与输出项不匹配,输出无定值

 C. 5.168000

 D. 5.169000

3. 以下程序的输出结果是　　　　　　　　　　　　　　　　　　　　（　　）

```
main()
{ int  a =2, b =5;
   printf("a =%%d,b =%%d \n",a, b);
}
```

 A. a =%2,b =%5   B. a =%%d,b =%%d

 C. a =%d,b =%d   D. a =2,b =5

4. 以下程序段的输出是　　　　　　　　　　　　　　　　　　　　　（　　）

```
int  x =496;
printf("*% -06d *\n", x);
```

 A. *000496 *   B. *496 *

 C. *496 *   D. 输出格式不合法

5. 下列程序的输出结果是　　　　　　　　　　　　　　　　　　　　（　　）

```
main()
{ char c1 =97,c2 =98;
```

```
    printf("%d  %c",c1,c2);
}
```
    A. a 98   B. a b   C. 97 b   D. 97 98

6. 下列程序段的输出结果是 （　　）

```
int a =1234;
float b =123.456;
double c =12345.54321;
printf("%2d,%2.1f,%2.1f",a,b,c);
```
    A. 1234,123.4,1234.5   B. 1234,123.5,12345.5
    C. 12,123.5,12345.5   D. 无输出

7. 若变量已正确说明为 float 类型,要通过语句 scanf("%f%f%f",&a,&b,&c);给 a 赋予 10.0,b 赋予 22.0,c 赋予 33.0,不正确的输入形式是 （　　）
    A. 10 < 回车 >22 < 回车 >33 < 回车 >   B. 10.0,22.0,33.0 < 回车 >
    C. 10.0 < 回车 >22.0 33.0 < 回车 >   D. 10 22 < 回车 >33 < 回车 >

8. 使用语句 scanf("x = %f,y = %f",&x,&y);输入变量 x,y 的值([ ]代表空格),正确的输入是 （　　）
    A. 1.25,2.4   B. 1.25[ ]2.4
    C. x = 1.25,y = 2.4   D. x = 1.25[ ]y = 2.4

9. 若 x,y 均定义为 int 型,z 为 double 型,以下不合法的 scanf 函数调用语句是（　　）
    A. scanf("%d%d,%lf",&x,&y,&z);   B. scanf("%x,%d,%lf",&x,&y,&z);
    C. scanf("%d,%x,%lf",&x,&y,&z);   D. scanf("%d,%d,%x",&x,&y,&z);

10. 若从终端输入以下数据,要给变量 c 赋以 283.19,则正确的输入语句是 （　　）
    A. scanf(%"8.4f", &c);   B. scanf("%6.2f", &c);
    C. scanf("%f",c)   D. scanf("%8f", &c);

11. 若变量已正确定义,执行语句 scanf("%d,%d,%d",&k1,&k2,&k3);时,正确的输入是 （　　）
    A. 20 30 40   B. 2030,40   C. 20, 30 40   D. 20,30,40

12. 当运行以下程序时,在键盘上从第一列开始,输入 9876543210 < CR >（此处 < CR > 表示 Enter),则程序的输出结果是 （　　）
```
main()
{ int  a;  float  b,  c;
    scanf("%2d%3f%4f", &a, &b, &c);
    printf("\na =%d,b =%f,c =%f\n",a, b, c);
}
```

A. a = 10,b = 432,c = 8765

B. a = 98,b = 765.0,c = 4321.0

C. a = 98,b = 765,c = 4321

D. a = 98,b = 765.000000,c = 4321.000000

13. 已知 i、j、k 为 int 型变量,若从键盘输入:1,2,3 < 回车 >,使 i 的值为 1、j 的值为 2、k 的值为 3,以下选项中正确的输入语句是　　　　　　　　　　(　　)

　　A. scanf("% d % d % d",&i,&j,&k);

　　B. scanf("%d,%d,%d",&i,&j,&k);

　　C. scanf("%2d%2d%2d",&i,&j,&k);

　　D. scanf("i = % d,j = % d,k = % d",&i,&j,&k);

14. 若变量已正确说明为 int 类型,要给 a、b、c 输入数据,以下正确的输入语句是　　(　　)

　　A. scanf("% d% d% d", &a,&b,&c);　　　B. scanf("% d% d% d",a,b,c);

　　C. read(a,b,c)　　　　　　　　　D. scanf("% D% D% D",&a,&b,&C);

15. 若变量已正确说明,要求用以下语句给 c1 赋予字符%、给 c2 赋予字符#、给 a 赋予 2.0、给 b 赋予 4.0,则不正确的输入形式是　　　　　　　　　　(　　)

scanf("%f%c%f%c", &a, &c1, &b, &c2);

　　A. 2%4#　　　　　B. 2 % 4 #　　　　C. 2% 4#　　　　　D. 2.0%4.0#

16. putchar 函数可以向终端输出一个　　　　　　　　　　　　　　(　　)

　　A. 字符串　　　　　　　　　　B. 字符或字符型变量值

　　C. 实型变量值　　　　　　　　　D. 整型变量表达式值

二、程序设计

1. 功能:输入华氏温度求摄氏温度。转换公式为 c = 5/9(f − 32),输出结果取两位小数。

2. 功能:从键盘输入一个大写字母,要求改用小写字母输出。

3. 功能:键盘输入 m 的值,计算如下公式的值:y = sin(m) * 10。例如:若 m = 9,则应输出:4.121185。

4. 功能:键盘输入一个浮点数,对此数保留 2 位小数,并对第三位进行四舍五入,输出调整之后的数(规定输入的数为正数)。

例如:输入 1234.567,则输出 1234.570000;

输入 1234.564,则输出 1234.560000。

第五章 选择结构

一、单项选择

1. 下列条件语句中,功能与其他语句不同的是 （　）
   A. if(a) printf("%d\n",x); else printf("%d\n",y);
   B. if(a==0) printf("%d\n",y); else printf("%d\n",x);
   C. if(a!=0) printf("%d\n",x); else printf("%d\n",y);
   D. if(a==0) printf("%d\n",x); else printf("%d\n",y);

2. 以下程序的运行结果是 （　）
```
main()
{  int a=2,b=-1,c=2;
   if (a<b)
     if(b<0) c=0;
   else  c+=1;
   printf("%d\n", c);
}
```
   A. 0　　　　　　　B. 2　　　　　　　C. 1　　　　　　　D. 3

3. 有以下程序
```
main()
{
   int a=3,b=4,c=5,d=2;
   if(a>b)
   if(b>c)
   printf("%d",d+++1);
   else
   printf("%d",++d+1);
   printf("%d\n",d);
}
```
   程序运行后的输出结果是 （　）

　　A. 2　　　　　　　　B. 3　　　　　　　　C. 43　　　　　　　　D. 44

4. 下面程序执行时,若从键盘输入 5,则输出为　　　　　　　　　　　　　　　(　　)

```
main()
{   int a;
    scanf("%d",&a);
    if(a++ >5)  printf("%d\n",a);
    else  printf("%d\n",--a);
}
```

　　A. 6　　　　　　　　B. 7　　　　　　　　C. 5　　　　　　　　D. 4

5. 下列程序段中,能将变量 x、y 中值较大的数保存到变量 a,值较小的数保存到变量
　　b 的程序段是　　　　　　　　　　　　　　　　　　　　　　　　　　　　(　　)

　　A. if (x>y)　　　　　　　　　　　　B. if (x>y)

　　　　　a=x;b=y;　　　　　　　　　　　　　{a=x;b=y;}

　　　　else a=y;b=x;　　　　　　　　　　　else a=y;b=x;

　　C. if (x>y)　　　　　　　　　　　　D. if (x>y)

　　　　　{a=x;b=y;}　　　　　　　　　　　{a=x;b=y;}

　　　　else {a=y;b=x;}　　　　　　　　　else (x<y) {a=y;b=x;}

6. 假定所有变量均已正确定义,下面语句段执行后的 x 的值是　　　　　　　　(　　)

```
a=b=c=0; x=35;
if(!a) x--; else if(b);
if(c) x=3; else x=4;
```

　　A. 34　　　　　　　　B. 4　　　　　　　　C. 35　　　　　　　　D. 3

7. int a=1,b=2,c=3; if(a>c)b=a;a=c;c=b;则 c 的值为　　　　　　　　　　　(　　)

　　A. 3　　　　　　　　B. 2　　　　　　　　C. 不一定　　　　　　D. 1

8. 运行以下程序后,输出的结果是　　　　　　　　　　　　　　　　　　　　(　　)

```
main()
{   int  k=-3;
    if(k<=0)
    printf("****\n"),
    else  printf("&&&&\n");
}
```

　　A. ****　　　　　　　　　　　　　　　B. 有语法错误不能通过编译

　　C. &&&&　　　　　　　　　　　　　　　D. **** &&&&

9. C 语言的 if 语句中,用作判断的表达式为 ( )

    A. 关系表达式   B. 逻辑表达式   C. 任意表达式   D. 算术表达式

10. 为了避免在嵌套的条件语句 if-else 中产生二义性,C 语言规定:else 总与( )

    配对。

    A. 同一行上的 if   B. 其之后最近的 if

    C. 其之前最近的未配对的 if   D. 缩排位置相同的 if

11. 以下不正确的 if 语句形式是 ( )

    A. if(x < y) {x++;y++;}

    B. if(x > y&&x!=y);

    C. if(x==y) x+=y;

    D. if(x!=y) scanf("%d",&x) else scanf("%d",&y);

12. 有如下程序

```
main()
{
    float x =2.0,y;
    if(x <0.0)  y =0.0;
    else if(x <10.0)  y =1.0 /x;
        else y =1.0;
    printf("%f \n",y);
}
```

    该程序的输出结果是 ( )

    A. 0.500000   B. 0.250000   C. 1.000000   D. 0.000000

13. 假定所有变量均已正确定义,下列程序段运行后 x 的值是 ( )

```
k1 =1;k2 =2;k3 =3;x =15;
if(!k1)  x --;
else  if(k2)    x =4;
        else  x =3;
```

    A. 15   B. 14   C. 3   D. 4

14. 有以下程序

```
main()
{ int i =1,j =1,k =2;
    if((j ++ ||k ++)&&i ++)
    printf("%d,%d,%d \n",i,j,k);
```

```
}
```

　　执行后输出结果是 　　　　　　　　　　　　　　　　　　　　　　　（　　）

　　A. 2,2,2　　　　　B. 2,2,3　　　　　C. 1,1,2　　　　　D. 2,2,1

15. int a = 1,b = 2,c = 3; if(a > b)a = b; if(a > c)a = c; 则 a 的值为 　　（　　）

　　A. 1　　　　　　B. 不一定　　　　　C. 3　　　　　　D. 2

16. 若执行以下程序时从键盘上输入3 和4,则输出结果是 　　　　　　　（　　）

```
main()
{ int  a, b, s;
    scanf("%d%d", &a, &b);
    s = a;
    if(a < b) s = b;
    s *= s;
    printf("%d\n", s);
}
```

　　A. 14　　　　　　B. 16　　　　　　C. 20　　　　　　D. 18

17. 有以下程序

```
main()
{ int a = 5, b = 4, c = 3, d = 2;
    if(a > b > c)
        printf("%d\n",d);
    else if((c - 1 >= d) == 1)
        printf("%d\n",d + 1);
    else  printf("%d\n",d + 2);
}
```

　　执行后输出结果是 　　　　　　　　　　　　　　　　　　　　　　　（　　）

　　A. 2　　　　　　B. 4　　　　　　C. 编译时出错　　　D. 3

18. int a = 3,b = 2,c = 1; if(a > b > c)a = b; else a = c; 则 a 的值为 　　（　　）

　　A. 2　　　　　　B. 3　　　　　　C. 1　　　　　　D. 0

19. 读下列程序:

```
main()
{ int x = 1,y = 0,a = 0,b = 0;
    switch(x)
    { case 1: switch(y)
```

```
    { case 0 : a++ ; break;
        case 1 : b++ ; break;
    }
        case 2 : a++ ; b++ ; break;
    }
    printf("a = %d, b = %d \n",a,b);
}
```

输出结果是　　　　　　　　　　　　　　　　　　　　　（　　）

A. a = 2,b = 1　　　　B. a = 1,b = 1　　　　C. a = 1,b = 0　　　　D. a = 2,b = 2

20. 执行下列程序段后,变量 i 的值是　　　　　　　　　　　　（　　）

```
int i = 10;
switch(i)
{ case 9 :i += 1;
    case 10 :i += 1;
    case 11 :i += 1;
    default :i += 1;
}
```

A. 13　　　　　　　B. 12　　　　　　　C. 11　　　　　　　D. 14

21. 有以下程序

```
main()
{ int a = 15,b = 21,m = 0;
    switch(a%3)
    { case 0 :m++ ;break;
        case 1 :m++ ;
        switch(b%2)
        { default :m++ ;
            case 0 :m++ ;break;
        }
    }
    printf("%d \n",m);
}
```

程序运行后的输出结果是　　　　　　　　　　　　　　　　（　　）

A. 1　　　　　　　B. 2　　　　　　　C. 3　　　　　　　D. 4

22. C 语言的 switch 语句中 case 后 　　　　　　　　　　　　　　　(　)

    A. 可为任何量或表达式

    B. 只能为常量或常量表达式

    C. 可为常量或表达式或有确定值的变量及表达式

    D. 只能为常量

23. C 语言中,switch 后的括号内表达式的值可以是 　　　　　　　　(　)

    A. 只能为整型和字符型　　　　　　　　B. 只能为整型

    C. 任何类型　　　　　　　　　　　　　　D. 只能为整型,字符型,枚举型

二、程序设计

1. 功能:判断一个 3 位数是否"水仙花数"。在 main 函数中从键盘输入一个 3 位数, 并输出判断结果。

    说明:所谓"水仙花数"是指一个 3 位数,其各位数字立方和等于该数本身。

    例如:153 是一个水仙花数,因为 153 = 1 + 125 + 27。

2. 功能:从键盘上输入任意实数 x,求出其所对应的函数值 z。

$$z = \begin{cases} e^x & x > 10 \\ \log(x + 3) & x > -3 \\ \sin(x)/(\cos(x) + 4) & \text{其他} \end{cases}$$

3. 功能:判断整数 x 是否是同构数。若是同构数,输出 YES;否则输出 NO。x 的值由键盘读入,要求不大于 100。

    说明:所谓"同构数"是指这样的数,这个数出现在它的平方数的右边。

    例如:输入整数 5,5 的平方数是 25,5 是 25 中右侧的数,所以 5 是同构数。

4. 假设工资税率如下,其中 s 代表工资,r 代表税率:

    s < 500　　　　　　　　　　r = 0%

    500 <= s < 1000　　　　　　r = 5%

    1000 <= s < 2000　　　　　　r = 8%

    2000 <= s < 3000　　　　　　r = 10%

    3000 <= s　　　　　　　　　　r = 15%

    编一程序实现从键盘输入一个工资数,输出实发工资数。要求使用 switch 语句。

第六章　循环结构

一、单项选择

1. 已知 int i＝1;执行语句 while(i＋＋ ＜4);后,变量 i 的值为　　　　(　)

   A. 3 　　　　　　B. 4 　　　　　　C. 5 　　　　　　D. 6

2. 有以下程序段, while 循环执行的次数是　　　　　　　　　　　　(　)

   ```
   int k＝0:
   while(k＝1)k＋＋;
   ```

   A. 无限次 　　　　　　　　　　B. 有语法错,不能执行

   C. 一次也不执行 　　　　　　　D. 执行 1 次

3. 在"while(! a)"中,其中"! a"与表达式(　　)等价.

   A. a＝＝0 　　　　B. a＝＝1 　　　　C. a! ＝1 　　　　D. a! ＝0

4. 设有以下程序段

   ```
   int x＝0,s＝0;
   while(! x! ＝0) s＋＝＋＋x;
   printf("%d",s);
   ```

   则　　　　　　　　　　　　　　　　　　　　　　　　　　　(　)

   A. 运行程序段后输出 0 　　　　B. 运行程序段后输出 1

   C. 程序段中的控制表达式是非法的　D. 程序段执行无限次

5. 以下程序段的输出结果是　　　　　　　　　　　　　　　　　(　)

   ```
   int n＝10;
   while(n＞7)
   {  n--;
       printf("%d", n);
   }
   ```

   A. 1098 　　　　B. 10987 　　　　C. 987 　　　　D. 9876

6. 以下程序的运行结果是　　　　　　　　　　　　　　　　　　(　)

   ```
   main()
   {  int  i＝1,sum＝0;
   ```

```
    while(i<10)   sum=sum+1;i++;
    printf("i=%d,sum=%d",i,sum);
}
```

A. i=10,sum=9   B. 运行出现错误

C. i=2,sum=1   D. i=9,sum=9

7. 以下叙述正确的是   (　　)

     A. 用 do-while 构成循环时,只有在 while 后的表达式为非零时结束循环

     B. do-while 语句构成的循环不能用其他语句构成的循环来代替

     C. 用 do-while 构成循环时,只有在 while 后的表达式为零时结束循环

     D. do-while 语句构成的循环可用 break 语句退出

8. 以下程序的输出结果是   (　　)

```
main()
{ int a=1,b=0;
  do
  { switch(a)
    { case 1: b=1;break;
      case 2: b=2; break;
      default : b=0;
    }
    b=a+b;
  }while(!b);
  printf("a=%d,b=%d \n",a,b);
}
```

A. a=1,b=2   B. a=1,b=1   C. a=1,b=0   D. a=1,b=3

9. 有以下程序段

```
int n=0,p;
do
{ scanf("%d",&p);
  n++;
}while(p!=12345&&n<3);
```

此处 do-while 循环的结束条件是   (　　)

     A. p 的值等于 12345 并且 n 的值大于等于 3

     B. p 的值不等于 12345 并且 n 的值小于 3

    C. p 的值不等于 12345 或者 n 的值小于 3

    D. p 的值等于 12345 或者 n 的值大于等于 3

10. 以下程序段的输出结果是   (   )

```
int  x =3;
do
{ printf("%3d", x - =2);
} while (!(--x));
```

    A. 死循环   B. 1 -2   C. 3 0   D. 1

11. 对 for(表达式 1;;表达式 3) 可理解为   (   )

    A. for(表达式 1;1;表达式 3)   B. for(表达式 1;0;表达式 3)

    C. for(表达式 1;表达式 1;表达式 3)   D. for(表达式 1;表达式 3;表达式 3)

12. 要求以下程序的功能是计算: $s = 1 + 1/2 + 1/3 + \cdots + 1/10$

```
main()
{ int n; float s;
    s =1.0;
    for(n =10;n >1;n -- ) s =s +1 /n;
    printf("%6.4f \n",s);
    }
```

    程序运行后输出结果错误,导致错误结果的程序行是   (   )

    A. s =1.0   B. for(n =10;n >1;n --)

    C. s =s +1 / n   D. printf(" %6.4f\ n" ,s)

13. 以下循环体的执行次数是   (   )

```
main()
{ int i, j;
    for(i =0,j =1; i <j +1; i +=2,j -- )  printf("%d\n",i);
}
```

    A. 3   B. 2   C. 1   D. 0

14. 以下语句中,循环次数不为 10 次的语句是   (   )

    A. for(i =1;i <10;i ++);   B. i =10;while(i >0){--i;}

    C. i =1;do{i ++ ;}while(i <=10);   D. i =1;m:if(i <=10){i ++ ;goto m;}

15. 在下述程序中,判断 i >j 共执行的次数是   (   )

```
main()
{ int i =0,j =10,k =2,s =0;
```

```
for(;;)
{ i += k;
  if(i > j)
  { printf("%d",s);
    break;
  }s += i;
}
}
```

A. 4   B. 7   C. 5   D. 6

16. 有以下程序,程序运行后的输出结果是   (   )

```
main()
{ int k = 4,n = 0;
  for(; n;)
  { n++;
    if(n%3! = 0) continue;
    k--;
  }
  printf("%d,%d\n",k,n);
}
```

A. 1,1   B. 2,2   C. 3,3   D. 4,0

17. 下面的 for 语句   (   )

```
for(x = 2,y = 8;(y > 0)&&(x < 5);x ++,y -- );
```

A. 是无限循环   B. 循环次数不定   C. 循环执行 4 次   D. 循环执行 3 次

18. 以下程序的输出结果是   (   )

```
main()
{ int  x, i;
  for(i = 1; i <= 100; i ++)
  { x = i;
    if(++x %2 == 0)
      if(++x %3 == 0)
        if(++x %7 == 0)
          printf("%-4d", x);
  }
```

```
        printf("\n");
    }
```

    A. 28　70　　　　　B. 39　81　　　　　C. 42　84　　　　　D. 26　68

19. 以下不是无限循环的语句是　　　　　　　　　　　　　　　　　　　（　　）

    A. for(i=10;; i++) sum+=i;

    B. while (1){x++;}

    C. for(; (c=getchar())!='\n';) printf("%c", c);

    D. for(;; x+=i);

20. 以下程序中循环体总的执行次数是　　　　　　　　　　　　　　　（　　）

```
int i,j;
for(i=6;i>1;i--)
for(j=0;j<i;j++)
{......}
```

    A. 20　　　　　　B. 261　　　　　　C. 15　　　　　　D. 25

21. 以下程序段的输出结果是　　　　　　　　　　　　　　　　　　　（　　）

```
int  i, j, m=0;
for(i=1; i<=15; i+=4)
    for(j=3; j<=19; j+=4)
        m++;
printf("%d\n", m);
```

    A. 15　　　　　　B. 12　　　　　　C. 20　　　　　　D. 25

22. 以下程序的功能是：按顺序读入 10 名学生 4 门课程的成绩，计算出每位学生的平均分并输出，程序如下：

```
main()
{ int n,k;
    float score,sum,ave;
    sum=0.0;
    for(n=1;n<=10;n++)
    { for(k=1;k<=4;k++)
        { scanf("%f",&score);
            sum+=score;
        }
        ave=sum/4.0;
```

```
       printf("NO%d:%f \n",n,ave);
   }
}
```

上述程序运行后结果不正确,调试中发现有一条语句出现在程序中的位置不正确。这条语句是   (   )

A. ave = sum / 4.0   B. sum = 0.0;

C. sum + = score;   D. printf(" NO% d:% f\ n",n,ave);

23. 以下程序段的输出结果是   (   )

```
int  k,j,s;
for(k = 2;k < 6;k ++,k ++)
{  s = 1;
   for(j = k;j < 6;j ++)s += j;
}
printf("%d \n",s);
```

A. 15   B. 10   C. 24   D. 9

24. 以下程序的输出结果是   (   )

```
#include < stdio.h >
main()
{  int i;
   for(i = 1;i < 5;i ++)
   {  if(i%2)    putchar('<');
      else        continue;
      putchar('>');
   }
   putchar ('#');
}
```

A. < > < > < > #   B. > < > < #

C. < > < > #   D. > < > < > < #

25. 以下程序中,while 循环的循环次数是   (   )

```
main()
{  int  i = 0;
   while(i < 10)
   {  if(i < 1)  continue;
```

```
        if(i==5)  break;
        i++;
    }
}
```

A. 死循环,不能确定次数　　　　　B. 6

C. 4　　　　　　　　　　　　　　D. 1

26. 以下程序的输出结果是 　　　　　　　　　　　　　（　　）

```
main()
{ int  y=10
    for(;y>0;y--)
    { if(y%3==0) continue;
        printf("%d",--y);
    }
}
```

A. 9　　　　　　B. 963　　　　　C. 852　　　　　D. 9764310

二、程序填空

1. 功能:求两个非负整数的最大公约数和最小公倍数。

```
#include <stdio.h>
main()
{
    int m,n,r,p,gcd,lcm;
    scanf("%d%d",&m,&n);
    if(m<n) {p=m,m=n;n=p;}
    p=m*n;
    r=m%n;
    /********* FILL ********* /
    while(_____)
    {
        /********* FILL ********* /
        m=n;n=r;_____;
    }
    /********* FILL ********* /
```

```
        gcd = _____;
        lcm = p /gcd;
        /********* FILL ********* /
        printf("gcd = %d,lcm = %d \n",_____);
}
```

2. 功能:输出 100 到 1000 之间的各位数字之和能被 15 整除的所有数,输出时每 10 个一行。

```
#include <stdio.h>
main()
{
    int m,n,k,i =0;
    for(m =100;m <=1000;m ++)
    {
        /********** FILL ********** /
        _____
        n =m;
        do
        {
            /********** FILL ********** /
            k = k + _____;
            n =n /10;
        }
        /********** FILL ********** /
        _____;
        if (k%15 ==0)
        {
            printf("%5d",m);i ++;
            /********** FILL ********** /
            if(i%10 ==0) _____;
        }
    }
}
```

3. 功能：分别求出一批非零整数中的偶数、奇数的平均值，用零作为终止标记。

```c
#include <stdio.h>
main()
{
    int x,i=0,j=0;
    float s1=0,s2=0,av1,av2;
    scanf("%d",&x);
    /********** FILL **********/
    while(_____)
    {
        if(x%2==0)
        {   s1=s1+x;
            i++;
        }
        /********** FILL **********/

        _____
        {   s2=s2+x;
            j++;
        }
        /********** FILL **********/

        _____
    }
    if(i!=0)    av1=s1/i;
    else    av1=0;
    if(j!=0)
    /********** FILL **********/

    _____
    else    av2=0;
    printf("oushujunzhi:%7.2f,jishujunzhi:%7.2f\n",av1,av2);
}
```

4. 功能：以每行5个数来输出300以内能被7或17整除的偶数，并求出其和。

```c
#include <stdio.h>
#include <conio.h>
```

```
main()
{
    int i,n,sum;
    sum=0;
    /********** FILL **********/

    _____
    /********** FILL **********/
    for(i=1;  _____;i++)
    /********** FILL **********/
      if(_____)
          if(i%2==0)
          {   sum=sum+i;
              n++;
              printf("%6d",i);
              /********** FILL **********/
              if(_____)  printf("\n");
          }
    printf("\ntotal=%d",sum);
}
```

5. 功能:下面的程序是求 1! +3! +5! +…+n! 的和。

```
#include <stdio.h>
main()
{
    long int f,s;
    int i,j,n;
    /********** FILL **********/

    _____
    scanf("%d",&n);
    /********** FILL **********/
    for(i=1;i<=n;_____)
    {   f=1;
        /********** FILL **********/
        for(j=1;  _____;j++)
```

```
        / ********** FILL ********** /
        _____
        s = s + f;
    }
    printf("n = %d,s = %ld\n",n,s);
}
```

三、程序改错

1. 功能:用下面的算式求圆周率的近似值。直到最后一项的绝对值小于等于
0.0001。

$$\frac{\pi}{4} = 1 - \frac{1}{3} + \frac{1}{5} - \frac{1}{7} + \cdots$$

```
#include <stdio.h>
 / ********** ERROR ********** /
#include <stdlib.h>
main()
{
    int i = 1;
     / ********** ERROR ********** /
    int  s = 0,t = 1,p = 1;
     / ********** ERROR ********** /
    while(fabs(t) <= 1e - 4)
    {  s = s + t;      p = -p;      i = i + 2;      t = p / i;  }
     / ********** ERROR ********** /
    printf("pi = %d\n",s * 4);
}
```

2. 功能:输出 Fabonacci 数列的前 20 项,要求变量类型定义成浮点型,输出时只输出
整数部分,输出项数不得多于或少于 20。

```
#include <stdio.h>
main()
{
    int i;
    float f1 = 1,f2 = 1,f3;
```

```
    /********** ERROR ********** /
    printf("%8d",f1);
    /********** ERROR ********** /
    for(i = 1;i <= 20;i ++)
    {   f3 = f1 + f2;
        /********** ERROR ********** /
        f2 = f1;
        /********** ERROR ********** /
        f3 = f2;
        printf("%8.0f",f1);
    }
    printf("\n");
}
```

3. 功能:计算正整数 num 的各位上的数字之积。例如:输入 252,则输出应该是 20。

```
#include <stdio.h>
main()
{
    int n;
    /********** ERROR ********** /
    int k;
    printf("\nPlease enter a number:");
    /********** ERROR ********** /
    scanf("%d", n);
    do
    {
        k* = n%10;
        /********** ERROR ********** /
        n \ =10;
    }while (n);
    printf("\n%d \n",k);
}
```

4. 功能:求如下表达式:

$$S = 1 + \frac{1}{1+2} + \frac{1}{1+2+3} + \cdots + \frac{1}{1+2+3+\cdots+n}$$

```c
#include <stdio.h>
main()
{
    int n,i,j,t;
    double s =0;
    printf("Please input a number:");
    /********** ERROR **********/
    print("%d",n);
    /********** ERROR **********/
    while(i =1;i <=n;i ++);
    {
        t =0;
        for(j =1;j <=i;j ++) t =t +j;
        /********** ERROR **********/
        =s +1 /t;
    }
    printf("%10.6f \n",s);
}
```

5. 功能:已知一个数列从第 0 项开始的前三项分别为 0、0、1,以后的各项都是其相邻的前三项的和。下列给定程序中,函数 fun 的功能是:计算并输出该数列的前 n 项的平方根之和 sum,n 的值通过键盘输入。例如:当 n = 10 时,程序的输出结果应为 23.197745。

```c
#include <stdio.h>
#include <math.h>
main()
{
    int n;
    double sum,s0,s1,s2,s;
    int k;
    scanf("%d",&n);
    /********** ERROR **********/
```

```c
        sum = 0.0;
        if(n <= 2) sum = 0.0;
        s0 = 0.0;
        s1 = 0.0;
        /********** ERROR ********** /
        s2 = 0.0;
        /********** ERROR ********** /
        for(k = 4;k > n;k++)
        {
            s = s0 + s1 + s2;
            sum += sqrt(s);
            s0 = s1;s1 = s2;s2 = s;
        }
        printf("%lf \n",sum);
    }
```

6. 功能:求 1 到 20 的阶乘的和。

```c
    #include <stdio.h>
    main()
    {
        int n,j;
        float s = 0.0,t = 1.0;
        for(n = 1;n <= 20;n++)
        {  /********** ERROR ********** /
            s = 1;
            for(j = 1;j <= n;j++)
            /********** ERROR ********** /
            t = t * n;
            /********** ERROR ********** /
            s + t = s;
        }
        /********** ERROR ********** /
        printf("jiecheng = %d \n",s);
    }
```

四、程序设计

1. 功能:求一个四位数的各位数字的立方和,要求利用循环实现。

2. 功能:计算正整数 n 的所有因子(1 和 n 除外)之和并输出。n 的值由键盘输入。

   例如:n = 120 时,输出 239。

3. 功能:求 n 以内(不包括 n)同时能被 3 与 7 整除的所有自然数之和的平方根 s,并输出。n 的值由键盘输入。

   例如:若 n 为 1000 时,输出 s = 153.909064。

4. 功能:用辗转相除法求两个整数的最大公约数。

5. 功能:计算并输出 3 到 n 之间所有素数的平方根之和。

   例如:键盘给 n 输入 100 后,输出为:sum = 148.874270。

6. 功能:从低位开始取出长整型变量 s 奇数位上的数,依次构成一个新数放在 t 中。

   例如:当 s 中的数为:7654321 时,t 中的数为:7531。

7. 功能:计算并输出 n(包括 n)以内能被 5 或 9 整除的所有自然数的倒数之和。

   例如:键盘给 n 输入 20 后,输出为:s = 0.583333。

   注意:要求 n 的值不大于 100。

8. 功能:计算并输出下列多项式的值 S = 1 + 1 / 1! + 1 / 2! + 1 / 3! + 1 / 4! + ⋯ + 1 / n!

   例如:键盘给 n 输入 15,则输出为:s = 2.718282。

   注意:要求 n 的值大于 1 但不大于 100。

9. 功能:找出一个大于给定整数且紧随这个整数的素数,并输出。

   例如:键盘输入 9,则输出 11。

10. 功能:输出 Fibonacci 数列中大于 s 的最小的一个数。其中 Fibonacci 数列 F(n) 的定义为:F(0) = 0, F(1) = 1　F(n) = F(n−1) + F(n−2)

   例如:键盘输入 s = 1000 时,输出 1597。

第七章 函 数

一、单项选择

1. 以下函数正确的定义形式 (　　)
   A. double　fun(int x,int y)
   B. double　fun(int x;int y)
   C. double　fun(int x,int y);
   D. double　fun(int x, y),

2. 有以下函数定义：void fun(int n,double x){……}若以下选项中的变量定义为：int y;double m;并赋值,则对函数 fun 的正确调用语句是 (　　)
   A. fun(int y,double m);
   B. k = fun(10,12.5);
   C. fun(y,m);
   D. void fun(y,m);

3. 已知函数 f 的定义如下：

   int f(int a,int b)

   { if(a<b) return(a,b); else return(b,a); }

   则该函数使用 f(2,3)进行调用时返回的值是 (　　)
   A. 2
   B. 3
   C. 2 和 3
   D. 3 和 2

4. 以下有关 C 语言函数的描述中,错误的是 (　　)
   A. 一个完整的 C 程序可以有多个函数,其中必须有且只能有一个名为 main 的函数
   B. 当一个 C 程序包含多个函数时,先定义的函数先执行
   C. 函数可以嵌套调用
   D. 函数不可以嵌套定义

5. 有以下程序

   int f(int n)

   { if(n==1) return 1;

      else return f(n-1)+1;

   }

   main()

   { int i,j=0;

      for(i=1;i<3;i++) j+=f(i);

```
    printf("%d\n",j);
}
```

程序运行后的输出结果是 （　　）

A. 4　　　　　　　　B. 3　　　　　　　　C. 2　　　　　　　　D. 1

6. 定义函数时,缺省函数的类型声明,则函数类型取缺省类型为 （　　）

A. void　　　　　　B. char　　　　　　C. float　　　　　　D. int

7. 以下关于 C 语言函数的叙述中,正确的是 （　　）

A. 在一个函数体中可以定义另一个函数,也可以调用其他函数

B. 在一个函数体中可以调用另一个函数,但不能定义其他函数

C. 在一个函数体中不可调用另一个函数,也不能定义其他函数

D. 在一个函数体中可以定义另一个函数,但不能调用其他函数

8. 若函数调用时的实参为变量,则以下关于函数形参和实参的叙述中正确的是（　　）

A. 实参和其对应的形参占用同一存储单元

B. 形参不占用存储单元

C. 同名的实参和形参占用同一存储单元

D. 形参和实参占用不同的存储单元

9. 一个 C 程序有且仅有一个 （　　）

A. 库函数　　　　B. main 函数　　　　C. 自定义函数　　　D. 形式函数

10. C 语言规定,简单变量做实参时,它相对应形参之间的数据传递方式是 （　　）

A. 地址传递

B. 单向值传递

C. 由实参传给形参,再由形参传回给实参

D. 由用户指定传递方式

11. 以下说法正确的是 （　　）

A. 如果函数的类型与返回值类型不一致,以函数类型为准

B. 定义函数时,形参的类型说明可以放在函数体内

C. return 后边的值不能为表达式

D. 不加类型说明的函数,一律按 void 来处理

12. 以下函数调用语句中实参的个数为 （　　）

```
excc((v1,v2),(v3,v4,v5),v6);
```

A. 3　　　　　　　　B. 4　　　　　　　　C. 5　　　　　　　　D. 6

13. 有以下程序

```
#include "stdio.h"
```

```
int  abc(int u,int v);
main ()
{ int a =24,b =16,c;
    c =abc(a,b);
    printf('%d\n",c);
}
int abc(int u,int v)
{ int  w;
    while(v)
    { w =u%v;  u =v;  v =w;}
    return u;
}
```

输出结果是   (   )

A. 6   B. 7   C. 8   D. 9

14. C 语言执行程序的开始执行点是   (   )

A. 程序中第一个函数   B. 程序中的 main 函数

C. 程序中第一条可以执行语言   D. 包含文件中的第一个函数

15. 关于建立函数的目的,以下正确的说法是   (   )

A. 减少程序文件所占内存   B. 提高程序的执行效率

C. 提高程序的可读性   D. 减少程序的篇幅

16. 以下正确的说法是   (   )

A. 用户可以重新定义标准库函数,若如此,该函数将失去原有含义

B. 系统根本不允许用户重新定义标准库函数

C. 用户若需调用标准库函数,调用前不必使用预编译命令将该函数所在文件包
   括到用户源文件中,系统自动去调

D. 用户若需调用标准库函数,调用前必须重新定义

17. 以下程序的输出结果是   (   )

```
double f (int n)
{ int i; double s;
    s =1.0;
    for(i =1; i <=n; i ++ ) s +=1.0 /i;
    return s;
}
```

```
main()
{ int i,m=3;float a=0.0;
   for(i=0;i<m;i++) a+=f(i);
   printf("%f\n",a);
}
```

A. 8.25   B. 3.000000   C. 4.000000   D. 5.500000

18. 执行下面程序后,输出结果是 　　　　　　　　　　　　　　　　　(　)

```
main()
{ float a=45.5,b=27.2;
   int c=0;
   c=max(a,b);
   printf("%d\n",c);
}
int  max(int x,int y)
{ int z;
   if(x>y)  z=x;
   else  z=y;
   return(z);
}
```

A. 18   B. 27   C. 72   D. 45

19. 以下程序的输出结果是 　　　　　　　　　　　　　　　　　　　　(　)

```
void  fun(int  a,int  b,int  c)
{ a=456;b=567;c=678; }
main()
{ int  x=10,y=20,z=30;
   fun(x,y,z);
   printf("%d,%d,%d\n",z,y,x);
}
```

A. 30,20,10   B. 10,20,30   C. 678567456   D. 456567678

20. 以下程序的输出结果为 　　　　　　　　　　　　　　　　　　　　(　)

```
main()
{ int a=1,b=2,c=3,d=4,e=5;
   printf("%d\n",func((a+b,b+c,c+a),(d+e)));
```

```
    }
    int  func(int  x,int y)
    {
        return(x +y);
    }
```

    A. 15   B. 9   C. 函数调用出错   D. 13

21. C 程序的基本结构单位是   (   )

    A. 文件   B. 表达式   C. 函数   D. 语句

22. 下面叙述中正确的是   (   )

    A. 函数可以返回一个值,也可以什么值也不返回

    B. 空函数在不完成任何操作,所以在程序设计中没有用处

    C. 声明函数时必须明确其参数类型和返回类型

    D. 对于用户自己定义的函数,在使用前必须加以声明

23. C 语言规定,函数返回值的类型是由   (   )

    A. 调用该函数时的主调函数类型所决定

    B. return 语句中的表达式类型所决定

    C. 调用该函数时系统临时决定

    D. 在定义该函数时所指定的函数类型所决定

24. 下面叙述中错误的是   (   )

    A. 若函数的定义出现在主调函数之前,则可以不必再加声明

    B. 一般来说,函数的形参和实参的类型要一致

    C. 若一个函数没有 return 语句,则什么值也不会返回

    D. 函数的形式参数,在函数未被调用时就不被分配存储空间

25. 若有函数 int fun(int a,int b){…},此函数体中没有 return 语句,则调用该函数后

                                                           (   )

    A. 没有返回值   B. 返回若干个系统默认值

    C. 返回一个不确定的值   D. 能返回一个用户所希望的值

26. 对于 void 类型函数,调用时不可作为   (   )

    A. 表达式   B. 循环体里的语句

    C. 自定义函数体中的语句   D. if 语句的成分语句

27. 以下错误的描述是函数调用可以   (   )

    A. 作为一个函数的形参   B. 出现在执行语句中

    C. 作为一个函数的实参   D. 出现在一个表达式中

28. 关于 return 语句,下列正确的说法是　　　　　　　　　　　(　)

    A. 必须在每个函数中出现

    B. 不能在主函数中出现且在其他函数中均可出现

    C. 只能在除主函数之外的函数中出现一次

    D. 可以在同一个函数中出现多次

29. 以下程序的输出结果是　　　　　　　　　　　　　　　　(　)

```
func(int  a,  int b)
{  int c;
   c = a + b;
   return  c;
}

main()
{  int  x = 6, y = 7, z = 8, r;
   r = func((x --, y ++, x + y), z --);
   printf("%d\n", r);
}
```

    A. 21　　　　　　　B. 11　　　　　　C. 31　　　　　　D. 20

30. 以下函数中能正确实现 n! (n < 13) 计算的是　　　　　　　(　)

    A. long fact(long n)   B. long fact(long n)
       { return n * fact(n - 1);   { if(n <= 1) return 1;
       }   else return n * fact(n);
                                         }

    C. long fact(long n)   D. long fact(long n)
       { static long s, i;   { long s = 1, i;
          for(i = 1; i <= n; i++) s = s * i;   for(i = 1; i <= n; i++) s = s * i;
          return s;}   return s; }

31. 以下程序的输出结果是　　　　　　　　　　　　　　　　(　)

```
long  fib( int  n)
{  if(n > 2)
      return (fib(n - 1) + fib(n - 2));
   else  return (2);
}

main()
```

```
{ printf("%ldld", fib(6)): }
```
　　A. 2　　　　　　　B. 16　　　　　　　C. 30　　　　　　　D. 8

32. 以下程序的输出结果是　　　　　　　　　　　　　　　　　　　(　　)

```
fun(int  n)
{ if(n > 0)  fun(n /10);
  putchar(n%10 +'0');
}

main()
{ fun(123)): }
```
　　A. 123　　　　　　B. 321　　　　　　　C. 0123　　　　　　D. 3210

33. 下面叙述中错误的是　　　　　　　　　　　　　　　　　　　　(　　)
　　A. 在其它函数中定义的变量在主函数中也不能使用
　　B. 主函数中定义的变量在整个程序中都是有效的
　　C. 形式参数也是局部变量
　　D. 复合语句中定义的变量只在该复合语句中有效

34. 以下程序运行后,输出结果是　　　　　　　　　　　　　　　　　(　　)

```
func (int a,int b)
{ static int m =0,i =2;
  i +=m +1;
  m =i +a +b;
  return(m);
}

main()
{ int k =4,m =1,p;
  p =func(k,m); printf("%d,",p);
  p =func(k,m); printf("%d\n",p);
}
```
　　A. 8,15　　　　　　B. 8,16　　　　　　　C. 8,17　　　　　　D. 8,8

35. 以下程序输出结果是　　　　　　　　　　　　　　　　　　　　(　　)

```
int d =1;
fun( int p)
{ int d =5;
  d =d +p;
```

```
       printf("%d,",d);  }
 main()
 {  int a = 3;
    fun(a);
    d = d + a;
    printf("%d",d);  }
```
       A. 4,4   B. 8,4   C. 8,11   D. 4,11

36. 执行下列程序

```
 int a = 3, b = 4;
 void fun(int x1, int x2)
 {  printf("%d,%d\n", x1 + x2, b);}
 main()
 {  int a = 5, b = 6;fun(a, b);}
```
    后输出的结果是   (   )
       A. 3,4   B. 11,1   C. 11,4   D. 11,6

37. 在一个 C 源程序文件中,若要定义一个只允许本源文件中所有函数使用的全局
    变量,则该变量需要使用的存储类型是   (   )
       A. static   B. register   C. auto   D. extern

38. 函数的形式参数隐含的存储类型说明是   (   )
       A. static   B. register   C. extern   D. auto

39. 以下叙述中正确的是   (   )
    A. 静态(static)类别变量的生存期贯穿于整个程序的运行期间
    B. 函数的形参都属于全局变量
    C. 未在定义语句中赋初值的 auto 变量和 static 变量的初值都是随机值
    D. 全局变量的作用域一定比局部变量的作用域范围大

40. 凡是函数中未指定存储类别的局部变量,其隐含的存储类别为   (   )
    A. 自动(auto)   B. 外部(extern)
    C. 静态(static)   D. 寄存器(register)

41. 以下程序的输出结果是   (   )

```
 int  m = 13;
 int  fun2(int  x,  int  y)
 {  int  m = 3;
    return (x * y - m);
```

```
}
main()
{ int  a =7, b =5;
    printf("%d\n", fun2(a, b)/m);
}
```
A. 4　　　　　　　B. 3　　　　　　　C. 1　　　　　　　D. 2

42. 全局变量的定义不可能在　　　　　　　　　　　　　　　　　　　(　　)

A. 函数内部　　　B. 文件外面　　　C. 最后一行　　　D. 函数外面

43. 下列定义不正确的是　　　　　　　　　　　　　　　　　　　　(　　)

A. static char c;　　　　　　　　B. #define S 345

C. int max(x,y); int x,y; {　}　D. #define PI 3.141592

44. 以下程序的输出结果是　　　　　　　　　　　　　　　　　　　(　　)

```
main()
{ int  i =1,  j =3;
  printf("%d,", i ++);
  { int  i =0;
    i +=j * 2;
    printf("%d,%d,", i, j);
  }
  printf("%d,%d\n", i, j);
}
```
A. 1,6,3,2,3　　B. 2,7,3,2,3　　C. 1,7,3,2,3　　D. 2,6,3,2,3

45. 若有宏定义如下,则执行以下程序段的输出为　　　　　　　　　(　　)

```
#define MOD(x,y)  x%y
int  z, a =15, b =100;
z =MOD(b, a);
printf("%d\n", z ++);
```
A. 11　　　　　　B. 6　　　　　　　C. 10　　　　　　　D. 5

46. 若有宏定义如下,则执行以下程序段的输出为　　　　　　　　　(　　)

```
# define P 5.5
# define S(x) P * x * x
main()
{ int a =1,b =2;
```

```
       printf("S(a+b)=%.1f\n",S(a+b));
    }
```

A. S(a+b)=49.5　　　　　　　B. 49.5

C. S(a+b)=9.5　　　　　　　D. 9.5

二、程序填空

1. 通过键盘输入一个数,判断其是否为素数,若是素数则输出字符 'y',若不是素数则输出 'n'。

```
char  a(int  i)
{ int k;char j;
   for(k=2;k<=i-1;k++)
   /**********FILL**********/
      if(i%k==0)_____;
      /**********FILL**********/
   if(k<=_____)j='n';else j='y';
   return(j);
}
main()
{ int  i; char c;
   scanf("%d",&i);
   /**********FILL**********/
   _____=a(i);
   printf("%c",c);
}
```

2. 以下程序输出 100～1000 范围内的回文素数。回文素数是指既是回文数同时也是素数的整数。

例如,131 既是回文数又是素数,因此 131 是回文素数。

```
#include<stdio.h>
#include<math.h>
int prime_pal(int n)
{  /**********FILL**********/
   int i,k=_____, m;
   for (i=2;i<=k;i++)                    /*判断n是否素数*/
```

```
    /**********FILL********** /
        if(_____) return 0;
    k = n;m = 0;                    /* 求 n 的反序数放入 m * /
    while(k >0)
    {  m =m * 10 +k%10;
        /**********FILL********** /
        k = _____;
    }
    if(m ==n)return 1;
    return 0;
}
void main()
{  int j,k =0;
    for(j =100;j <=999;j ++)
    {  /**********FILL********** /
        if(_____)
        {  printf("%d\t",j);
            if(++k%5 ==0) printf("\n");
        }
    }
}
```

3. 计算并输出 high 以内最大的 10 个素数之和,high 由主函数传给 fun 函数,若 high
   的值为 100,则函数的值为 732。请完善 fun 函数使其达到要求的功能。

```
#include <conio.h >
#include <stdio.h >
#include <math.h >
int fun( int  high)
{
    int sum =0,  n =0,  j,  yes;
    /**********FILL********** /
    while ((high >=2) && ( _____))
    {
        yes =1;
```

```
        /********** FILL **********/
        for (j =2 ; j <=_____ ; j ++)
            /********** FILL **********/
            if (_____)
            {  yes =0 ; break;  }
                if (yes)
        {  sum +=high;  n ++;}
            high --;
        }
        /********** FILL **********/
        _____;
    }
main ()
{  printf("%d\n", fun (100));  }
```

4. 功能：求 100 – 999 之间的水仙花数

说明：水仙花数是指一个 3 位数的各位数字的立方和是这个数本身。

例如：$153 = 1^3 + 5^3 + 3^3)$。

```
#include <stdio.h>
int fun(int n)
{  int i,j,k,m;
    m =n;
    /********** FILL **********/

    _____

    for(i =1;i <4;i ++)
    {
        /********** FILL **********/

        _____

        m = (m – j) /10;
        k =k +j *j *j;
    }
    if(k ==n)
    /********** FILL **********/

    _____
```

```
else  return(0);  }
main()
{
    int i;
    for(i=100;i<1000;i++)
        /**********FILL**********/
    if(_____==1)  printf("%d is ok!\n",i);
}
```

三、程序改错

1. 功能:求如下表达式:

$$s = 1 + \frac{1}{1+2} + \frac{1}{1+2+3} + \cdots + \frac{1}{1+2+3+\cdots+n}$$

```
#include<stdio.h>
main()
{
    int n;
    double  fun();
    printf("Please input a number:");
    /**********FOUND**********/
    print("%d",n);
    printf("%10.6f\n",fun(n));
}
/**********FOUND**********/
fun(int n)
{
    int i,j,t;
    double s;
    s=0;
    /**********FOUND**********/
    while(i=1;i<=n;i++);
    {
        t=0;
```

```
        for(j=1;j<=i;j++)  t=t+j;
        /**********FOUND**********/
        =s+1/t;
    }
    return s;
}
```

2. 功能:找出大于 m 的最小素数,并将其作为函数值返回。

```
#include <math.h>
#include <stdio.h>
int fun( int m)
{
    int i,k;
    for(i=m+1;;i++)
    {
        /**********FOUND**********/
        for(k=1;k<i;k++)
        /**********FOUND**********/
        if(i%k!=0) break;
          /**********FOUND**********/
          if(k<i)
            /**********FOUND**********/
              return k;
    }
}
main()
{
    int n;
    scanf("%d",&n);
    printf("%d\n",fun(n));
}
```

3. 功能:输出 Fabonacci 数列的前 20 项,要求变量类型定义成浮点型,输出时只输出整数部分,输出项数不得多于或少于 20。

```
#include <stdio.h>
```

```c
fun()
{
    int i;
    float f1 =1,f2 =1,f3 ;
    /********** FOUND ********** /
    printf("%d",f1);
    /********** FOUND ********** /
    for(i =1;i <=20;i ++)
    {
        f3 = f1 + f2 ;
        /********** FOUND ********** /
        f2 = f1 ;
        /********** FOUND ********** /
        f3 = f2 ;
        printf("%8.0f",f1);
    }
    printf("\n");
}
main()
{ fun(); }
```

4. 功能:计算并输出 k 以内最大的 10 个能被 13 或 17 整除的自然数之和。k 的值由主函数传入。

例如:若 k 的值为 500,则函数值为 4622。

```c
#include <stdio.h >
int fun(int k)
{
    int m =0,mc =0;
    /********** FOUND ********** /
    while ((k >=2)||(mc <10))
    {
        /********** FOUND ********** /
        if((k%13 =0)||(k%17 =0))
        {
```

```
            m = m + k;

            mc + + ;

        }

        / * * * * * * * * * * FOUND * * * * * * * * * * /

        k + + ;

    }

    / * * * * * * * * * * FOUND * * * * * * * * * * /

    return;

}

main ()

{

    printf ("%d \n",fun (500));

}
```

5. 功能:求 1 到 10 的阶乘的和。

```
#include <stdio.h>

main ()

{

    int i;

    float s = 0 ;

    float fac (int n);

    / * * * * * * * * * * FOUND * * * * * * * * * * /

    for (i = 1 ;i < 10 ;i + + )

    / * * * * * * * * * * FOUND * * * * * * * * * * /

        s = fac (i);

    printf ("%f \n",s);

}

float fac (int n)

{

    / * * * * * * * * * * FOUND * * * * * * * * * * /

    int   y = 1 ;

    int i;

    for (i = 1 ;i < = n;i + + )

        y = y * i;
```

```
    / ********** FOUND ********** /
    return;
    }
```

6. 功能:判断 m 是否为素数,若是返回 1,否则返回 0。

```
#include <stdio.h>
/ ********** FOUND ********** /
void  fun( int n)
{
    int i,k =1;
    if(m <=1) k =0;
    / ********** FOUND ********** /
    for(i =1;i <m;i ++)
    / ********** FOUND ********** /
        if(m%i =0) k =0;
    / ********** FOUND ********** /
    return m;
}
void main()
{
    int m,k =0;
    for(m =1; m <100; m ++)
    if(fun(m) ==1)
    {
        printf("%4d",m);k ++;
        if(k%5 ==0) printf("\n");
    }
}
```

7. 功能:根据整型形参 m 的值,计算如下公式的值。

$$t = 1 - \frac{1}{2*2} - \frac{1}{3*3} - \cdots - \frac{1}{m*m}$$

例如:若 m =5,则应输出:0.536389

```
#include <stdio.h>
double fun(int m)
```

```
{
    double y =1.0;
    int i;
    /ₓₓₓₓₓₓₓₓₓₓ FOUND ₓₓₓₓₓₓₓₓₓₓ /
    for(i =2;i <m;i --)
    /ₓₓₓₓₓₓₓₓₓₓ FOUND ₓₓₓₓₓₓₓₓₓₓ /
      y - =1 /(i * i);
    /ₓₓₓₓₓₓₓₓₓₓ FOUND ₓₓₓₓₓₓₓₓₓₓ /
    return m;
}
main()
{
    int n =5;
    printf("\nthe result is %lf \n",fun(n));
}
```

四、程序设计

1. 功能:完成子函数 int fun(int n),找出一个大于给定整数且紧随这个整数的素数,并作为函数值返回。

2. 功能:完成子函数 double fun(int n),返回表达式 $1 + 1/2! + 1/3! + 1/4! + \cdots + 1/n!$ 之和。

3. 功能:完成子函数 int fun(w),判断一个整数 w 的各位数字平方之和能否被 5 整除,可以被 5 整除则返回 1,否则返回 0。

4. 功能:编写函数 long int fun(int d,int n),求 sum = d + dd + ddd + ⋯ + dd...d(n 个 d),其中 d 为 1 - 9 的数字。

   例如:3 + 33 + 333 + 3333 + 33333(此时 d = 3,n = 5),d 和 n 在主函数中输入。

5. 功能:编写函数 float fun(int n),求一分数序列 2/1,3/2,5/3,8/5,13/8,21/13⋯ 的前 n 项之和。

   说明:每一分数的分母是前两项的分母之和,每一分数的分子是前两项的分子之和。

   例如:求前 20 项之和的值为 32.660259。

6. 功能:编写函数 float fun( ),利用以简单迭代方程:Xn + 1 = cos(Xn)求原方程: cos(x) - x = 0 的一个实根。迭代步骤如下:

(1) 取 x1 初值为 0.0;

(2) x0 = x1,把 x1 的值赋给 x0;

(3) x1 = cos(x0),求出一个新的 x1;

(4) 若 x0 - x1 的绝对值小于 0.000001,执行步骤(5),否则执行步骤(2);

(5) 所求 x1 就是方程 cos(x) - x = 0 的一个实根,作为函数值返回。

输出:程序将输出结果 Root = 0.739085。

第八章　数　组

一、单项选择

1. 执行语句"for(i=0;i<10;++i,++a)　scanf("%d",a);"试图为 int 类型数组 a[10]输入数据是错误的.错误的原因是　　　　　　　　　　　　（　　）

   A. 指针变量不能做自增运算　　　　　B. 数组首地址不可改变

   C. ++i 应写作 i++　　　　　　　　　　D. ++a 应写作 a++

2. 已知有声明"int m[]={5,4,3,2,1},i=0",下列对 m 数组元素的引用中,不恰当的是　　　　　　　　　　　　　　　　　　　　　　　　　　　　　　（　　）

   A. m[++i]　　　　B. m[5]　　　　C. m[2*2]　　　　D. m[m[4]]

3. 以下对一维整型数组 a 的正确说明是　　　　　　　　　　　　　（　　）

   A. #define SIZE 10 (换行) int a[SIZE];

   B. int a(10);

   C. int n; scanf("%d",&n); int a[n];

   D. int n =10,a[n];

4. 以下能对一维数组 a 进行正确初始化的语句是　　　　　　　　（　　）

   A. int a[10]={10*1};　　　　　　B. int a[2]={1,2,3};

   C. int a[10]=(0,0,0,0,0);　　　　D. int a[10]={};

5. 已知 int 类型变量占用四个字节,其有定义:int x[10]={0,2,4};,则数组 x 在内存中所占字节数是　　　　　　　　　　　　　　　　　　　　　　（　　）

   A. 20　　　　　　B. 12　　　　　　C. 6　　　　　　D. 40

6. 在 C 语言中,一维数组的定义方式为:类型说明符　数组名　　（　　）

   A. [整型表达式]　　　　　　　　　B. [整型常量]或[整型表达式]

   C. [常量表达式]　　　　　　　　　D. [整型常量]

7. int a[10];给数组 a 的所有元素分别赋值为 1、2、3……的语句是　（　　）

   A. for(i=1;i<11;i++)a[i+1]=i;

   B. for(i=1;i<11;i++)a[i-1]=i;

   C. for(i=1;i<11;i++)a[i]=i;

   D. for(i=1;i<11;i++)a[0]=1;

8. 以下程序的输出结果是 ( )

```
min()
{  int  n[2] ={0}, i, j, k =2;
   for(i =0; i < k; i ++)
       for(j =0; j < k; j ++) n[j] =n[i] +1;
   printf("%d\n", n[k]);
}
```

    A. 2   B. 1   C. 3   D. 不确定的值

9. 在 C 语言中,引用数组元素时,其数组下标的数据类型允许是 ( )

    A. 任何类型的表达式   B. 整型常量

    C. 整型表达式   D. 整型常量或整型表达式

10. 执行下面的程序段后,变量 k 中的值为 ( )

```
int k =3, s[2];
s[0] =k; k =s[1] *10;
```

    A. 33   B. 10   C. 30   D. 不定值

11. 若有以下说明

```
int a[12] = {1,2,3,4,5,6,7,8,9,10,11,12};
char c ='a',d,g;
```

    则数值为 4 的数组元素是 ( )

    A. a[4]   B. a[g−c]   C. a['d'−'c']   D. a['d'−c]

12. 以下不能正确定义二维数组的选项是 ( )

    A. int a[2][2] ={{1},{2}};   B. int a[][2] ={1,2,3,4};

    C. int a[][2] ={{1},{2,3}};   D. int a[2][] ={{1,2},{3,4}};

13. 执行下列程序

```
main()
{  int a[3][3] ={{1},{2},{3}};
    int b[3][3] ={1,2,3};
    printf("%d \n",a[1][0] +b[0][0]);}
```

    输出的结果是 ( )

    A. 0   B. 1   C. 2   D. 3

14. 设 int a[][4] ={1,2,3,4,5,6,7,8};则数组 a 的第一维的大小是 ( )

    A. 2   B. 3   C. 4   D. 无确定值

15. 以下能正确定义数组并正确赋初值的语句是 （　　）

    A. int c[2][] = {{1,2},{3,4}};　　　　B. int a[1]2] = {{1},{3}};

    C. int N = 5,b[N][N];　　　　　　　　D. int d[3][2] = {{1,2},{34}};

16. 若有说明 int a[3][4];则对 a 数组元素的正确引用是 （　　）

    A. a[1+1][0]　　　B. a[1,3]　　　C. a[2][4]　　　D. a(2)(1)

17. int i,j,a[2][3];按照数组 a 的元素在内存的排列次序,不能将数 1,2,3,4,5,6

    存入 a 数组的是 （　　）

    A. for(i = 0;i < 2;i ++)for(j = 0;j < 3;j ++)a[i][j] = i * 3 + j + 1;

    B. for(i = 0;i < 6;i ++)a[i /3][i%3] = i + 1;

    C. for(i = 1;i <= 6;i ++)a[i][i] = i;

    D. for(i = 0;i < 3;i ++)for(j = 0;j < 2;j ++)a[j][i] = j * 3 + i + 1;

18. 若有说明:int a[3][4] = {0};则下面正确的叙述是 （　　）

    A. 数组 a 中每个元素均可得到初值 0

    B. 只有元素 a[0][0]可得到初值 0

    C. 此说明语句不正确

    D. 数组 a 中各元素都可得到初值,但其值不一定为 0

19. 以下程序的输出结果是 （　　）

    ```
    main()
    {   int  i,  x[3][3]={1,2,3,4,5,6,7,8,9};
        for(i = 0; i < 3; i ++)
        printf("%d,", x[i][2 - i]);
    }
    ```

    A. 1,5,9,　　　　B. 3,6,9,　　　　C. 1,4,7,　　　　D. 3,5,7,

20. 若二维数组 a 有 m 列,则在 a[i][j]前的元素个数为 （　　）

    A. j * m + i　　　B. i * m + j　　　C. i * m + j + 1　　　D. i * m + j − 1

21. 下列定义数组的语句中不正确的是 （　　）

    A. static int a[2][3] = {1,2,3,4,5,6};

    B. static int a[2][3] = {{1},{4,5}};

    C. static int a[][3] = {{1},{4}};

    D. static int a[][] = {{1,2,3},{4,5,6}};

22. 以下对二维数组 a 的正确说明是 （　　）

    A. int a[3][]　　　　　　　　B. float a(3,4)

    C. double a[1][4]　　　　　　D. float a(3)(4)

23. 若用数组名作为函数调用的实参,传递给形参的是 （　　）
    A. 数组的首地址   B. 数组第一个元素的值
    C. 数组中全部元素的值   D. 数组元素的个数

24. 已知函数 fun 的定义如下:

```
void fun(int x[],int y)
{ int k;
    for (k = 0;k < y;k ++)
        x[k] += y;
}
```

若 main 函数中有声明 int a[10] = {10};及调用 fun 函数的语句,则正确的 fun 函数调用形式是 （　　）

A. fun(a[],a[0]);   B. fun(a[0],a[0]);
C. fun(&a[0],a[0]);   D. fun(a[0],&a[0]);

25. 读下列程序:

```
f(int b[], int n)
{ int i,r = 1;
    for(i = 0; i <= n; i ++) r = r * b[i];
    return r;
}
main()
{
    int x, a[] = {2,3,4,5,6,7,8,9};
    x = f(a,3);
    printf("%d\n",x);
}
```

输出结果是 （　　）
A. 720   B. 120   C. 24   D. 6

二、程序填空

1. 下面程序的功能是将字符数组 a[6] = {'a','b','c','d','e','f'} 变为 a[6] = {'f','a', 'b','c','d','e'}.

```
main()
{ char t,a[6] = {'a','b','c','d','e','f'};
```

```
    int i;
    /**********FILL**********/

    _____
    /**********FILL**********/
    for(i=5;i>0;i--) _____
    a[0]=t;
    for(i=0;i<=5;i++) printf("%c",a[i]);
}
```

2. 输入 10 个数据,对它们按从小到大的顺序进行选择排序.

```
main()
{
    int a[11];
    int i,j,t,min_loc;
    printf("Input 10 numbers:\n");
    for(i=1; i<11;i++)
    scanf("%d",&a[i]);
    printf("\n");
    for (i=1;i<11;i++)
    { min_loc=i;
        /**********FILL**********/
        for(j=_____;j<11;j++)
        /**********FILL**********/
        if (_____) min_loc=j;
        /**********FILL**********/
        if(_____) { t=a[i];a[i]=a[min_loc];a[min_loc]=t;}
    }
    printf("the sorted numbers:\n");
    for(i=1;i<11;i++)printf("%d ",a[i]);
    printf("\n");
}
```

3. 输出数组 a[10] 所有元素中的最大值.

```
main ()
{ int a[10]={1,2,3,4,5,6,7,8,9,10};
```

```
    int   j,max;
    /**********FILL**********/
    _____;
    for(j=1;j<10;j++)
    {  if(a[j]>max)
       /**********FILL**********/
       _____;}
    printf("max value is %d\n",max);
}
```

4. 先为数组 a 输满数据,再为 x 输入一个数据,在数组 a 中找出第一个与 x 相等的元素并将其下标输出,若不存在这样的元素,则输出" Not found!"标志。

```
main()
{  int i,x,a[10];
   /**********FILL**********/
   for(i=0;i<10;i++) scanf("%d",_____);
   scanf("%d",&x);printf("%d",x);
   /**********FILL**********/
   for(i=0;i<10;i++) if(_____) break;
   if (i_____10) printf("position:%d \n",i);
   else printf(" Not found! \n",x);
}
```

5. 本程序用改进的冒泡法对数组 a[n]的元素从小到大排序,请在程序空白处填空。

```
#define N 10
main()
{  int a[N]={10,7,43,1,9,6,3,8,5,2};
   int j,k,jmax,temp;
   /**********FILL**********/
   _____;
   do
   {  k=0;
      for(j=0;j<jmax;j++)
      /**********FILL**********/
         if(_____)
```

```
            { temp = a[j]; a[j] = a[j +1]; a[j +1] = temp;
                k ++;
            }
        / ********** FILL ********** /
        _____ ;
    } while (jmax > 0 && k);
    for (j = 0 ;j < N;j ++)  printf ("%5d",a[j]);
    printf ("\n");
}
```

6. 以下 binary 函数的功能是利用二分查找法从数组 a 的 10 个元素中对关键字 m 进行查找,若找到,返回此元素的下标;若未找到,则返回值 -1。请填空。

```
binary (int a[10],int m)
{   int low = 0 ,high = 9 ,mid;
    while (low < = high)
    {   mid = (low + high) /2 ;
        / ********** FILL ********** /
        if (m < a [mid])  _____
        / ********** FILL ********** /
        else if (m > a [mid])  _____
        else return (mid);
    }
    return (-1);
}
main ()
{   int a[] = {1 ,3 ,5 ,7 ,9 ,11 ,13 ,15 ,17 ,19 },m,r;
    scanf ("%d",&m);
    / ********** FILL ********** /
    r = binary (_____);
    if (r == -1) printf ("not found!");
    else  printf ("found:%d",r +1);
}
```

7. 功能:产生并输出杨辉三角的前七行。

```
    1
    1    1
    1    2    1
    1    3    3    1
    1    4    6    4    1
    1    5    10   10   5    1
    1    6    15   20   15   6    1
```

```c
#include <stdio.h>
main ()
{
    int a[7][7];
    int i,j;
    for (i=0;i<7;i++)
    {
        a[i][0]=1;
        /********** FILL ********** /
        _____
    }
    for ( i=2;i<7;i++)
    /********** FILL ********** /
    for (j=1;j< _____ ;j++)
    /********** FILL ********** /
    a[i][j]= _____ ;
    for (i=0;i<7;i++)
    {
        /********** FILL ********** /
        for (j=0; _____ ;j++)  printf("%6d",a[i][j]);
            printf("\n");
    }
}
```

8. 功能：产生并输出如下形式的方阵。

```
1 2 2 2 2 2 1
3 1 2 2 2 1 4
3 3 1 2 1 4 4
3 3 3 1 4 4 4
3 3 1 5 1 4 4
3 1 5 5 5 1 4
1 5 5 5 5 5 1
```

```
#include <stdio.h>
main()
{
    int a[7][7];
    int i,j;
    for (i =0 ;i <7 ;i ++)
        for (j =0 ;j <7 ;j ++)
          {
            /********** FILL ********** /
            if (_____) a[i][j] =1;
            /********** FILL ********** /
            else if (i <j&&i +j <6)_____;
            else if (i >j&&i +j <6) a[i][j] =3;
            /********** FILL ********** /
            else if (_____) a[i][j] =4;
            else a[i][j] =5;
          }
    for (i =0 ;i <7 ;i ++)
      {
        for (j =0 ;j <7 ;j ++)
        printf("%4d",a[i][j]);
        /********** FILL ********** /
        _____
      }
}
```

9. 功能:已定义一个含有 30 个元素的数组 s,函数 fun1 的功能是按顺序分别赋予各元素从 2 开始的偶数,函数 fun2 则按顺序每五个元素求一个平均值,并将该值存放在数组 w 中。

```c
#include <stdio.h>
fun1(long int s[])
{
    int k,i;
    for(k=2,i=0;i<30;i++)
    {
        /********** FILL ********** /

        _____

        k+=2;
    }
}
fun2(long int s[],float w[])
{
    float sum=0.0;
    int k,i;
    for(k=0,i=0;i<30;i++)
    {
        sum+=s[i];
        /********** FILL ********** /

        _____

        {  w[k]=sum/5;
            /********** FILL ********** /

            _____

            k++;
        }
    }
}
main()
{  long int s[30];
    float w[6];
    int i;
```

```
fun1(s);
/********** FILL ********** /
_____;
for(i=0;i<30;i++)
{
    if(i%5==0) printf("\n");
        printf("%8.2f",s[i]);
}
printf("\n");
for(i=0;i<6;i++)
printf("%8.2f",w[i]);
}
```

三、程序改错

1. 功能:有 15 个数存放在一个数组中,输入一个数,要求用折半查找法找出该数在数组中的位置(下标加 1);如果该数不在数组中,则输出"not find!"。

要求:1. 改错时,只允许修改现有语句中的一部分内容,不允许添加和删除语句。

2. 提示行下一行为错误行。3. 使用指针实现。

```
/ ********** FOUND ********** /
#define <stdio.h>
main()
{   int mid,low=0,high=14,x,i;
    int num[15]={2,6,8,9,12,15,18,20,23,26,29,32,36,38,40};
    printf("printf 15 numbers:\n");
    for(i=0;i<15;i++)
    /********** FOUND ********** /
    printf("%3d",num+i);
    printf("\ninput x:");
    scanf("%d",&x);
    /********** FOUND ********** /
    while(low<=14)
    {   mid=(low+high)/2;
        if(x==num[mid]))
        /********** FOUND ********** /
```

```
        {  printf("%d",mid);
            xit(1);
        }
        if(x > * (num + mid)) low = mid + 1;
        if(x < * (num + mid)) high = mid - 1;
    }
    printf("not find!\n");
}
```

2. 功能:找出一个二行三列二维数组中的最大值,输出该最大值及其行列下标,建议二维数组值由初始化给出。

要求:1. 改错时,只允许修改现有语句中的一部分内容,不允许添加和删除语句。

2. 提示行下一行为错误行。

```
#include "stdio.h"
#include "conio.h"
main()
{
    int i,j,max,s,t;
    /*********** FOUND ***********/
    int a[2][] = {1,34,23,56,345,7};
    clrscr();
    /*********** FOUND ***********/
    max = 0;
    s = t = 0;
    for(i = 0;i < 2;i ++)
    /*********** FOUND ***********/
        for(j = 1;j < 3;j ++)
            if(a[i][j] > max)
            { max = a[i][j];  s = i;  t = j; }
    /*********** FOUND ***********/
    printf("max = a[%d][%d] = %d \n",i,j,max);
}
```

3. 功能:在一个已按升序排列的数组中插入一个数,插入后,数组元素仍按升序排列。

```
#include < stdio.h >
```

```
#define N 11
main()
{
    int i,number,a[N] = {1,2,4,6,8,9,12,15,149,156};
    printf("please enter an integer to insert in the array:\n");
    /********** FOUND **********/
    scanf("%d",number)
    printf("The original array:\n");
    for(i = 0;i < N - 1;i ++)
        printf("%5d",a[i]);
    printf("\n");
    /********** FOUND **********/
    for(i = N - 1;i >= 0;i --)
        if(number <= a[i])
    /********** FOUND **********/
        a[i] = a[i - 1];
    else
    {
        a[i +1] = number;
        /********** FOUND **********/
        exit;
    }
    if(number < a[0]) a[0] = number;
        printf("The result array:\n");
    for(i = 0;i < N;i ++)
        printf("%5d",a[i]);
    printf("\n");
}
```

4. 功能:用起泡法对 n 个整数从小到大排序,n 不大于 10。

   要求:1. 改错时,只允许修改现有语句中的一部分内容,不允许添加和删除语句。

   2. 提示行下一行为错误行。

```
#include "stdio.h"
/********** FOUND **********/
```

```
void sort(int x,int n)
{
    int i,j,t;
    for(i=0;i<n-1;i++)
    for(j=n-2;j>=i;j--)
        /********** FOUND **********/
        if(x[j]<x[j+1])
        {
        t=x[j];
        x[j]=x[j+1];
        x[j+1]=t;
        }
}
main()
{
    int i,n,a[10];
    printf("please input the length of the array:\n");
    scanf("%d",&n);
    printf("please input the  array:\n");
    for(i=0;i<n;i++)
        scanf("%d",&a[i]);
    /********** FOUND **********/
    sort(a[10],n);
    printf("output the sorted array:\n");
    /********** FOUND **********/
    for(i=0;i<10;i++)
        printf("%5d",a[i]);
    printf("\n");
}
```

四、程序设计

1. 功能:编写函数 void fun(int n, int a[ ]),按顺序将一个 4 位的正整数每一位上的数字存到一维数组,然后再输出。例如输入 5678,则输出结果为 5 6 7 8。

2. 功能:编写函数 int fun(int a[M][M]),求 5 行 5 列矩阵的主、副对角线上元素之和。注意,两条对角线相交的元素只加一次。

例如:主函数中给出的矩阵的两条对角线的和为 45。

3. 功能:编写 float fun(float array[],int n),统计出若干个学生的平均成绩,最高分以及得最高分的人数。

例如:输入 10 名学生的成绩分别为 92,87,68,56,92,84,67,75,92,66,则输出平均成绩为 77.9,最高分为 92,得最高分的人数为 3 人。

4. 功能:请编写 fun 函数 int fun(int x[],int n),找出数组 x 中最小的数,并返回。

注意:输入输出在 main 函数中完成。

5. 功能:请编一个函数 void fun(int tt[M][N],int pp[N]),tt 指向一个 M 行 N 列的二维数组,求出二维数组每列中最小元素,并依次放入 pp 所指一维数组中。二维数组中的数已在主函数中赋予。

6. 编写函数 int fun(int lim,int aa[MAX]),该函数的功能是求出小于 lim 的所有素数并放在 aa 数组中,该函数返回求出素数的个数。

7. 功能:编写函数 int fun(int array[N][M]),求出 N × M 整型数组的最大元素及其所在的行坐标及列坐标(如果最大元素不唯一,选择位置在最前面的一个)。

例如:输入的数组为:1 2 3

4 15 6

12 18 9

10 11 2

求出的最大数为 18,行坐标为 2,列坐标为 1。

8. 功能:编写函数 int fun(int a[],int n),找出一批 a 数组中 n 个正整数中的最大的偶数,并返回。

9. 功能:编写函数 void fun(int array[3][3]),实现矩阵(3 行 3 列)的转置(即行列互换)。

例如:输入下面的矩阵:

100 200 300

400 500 600

700 800 900

程序输出:

100 400 700

200 500 800

300 600 900

10. 功能:程序定义了 N×N 的二维数组,并在主函数中自动赋值。请编写函数 fun (int a[ ][N],int n),使数组 a 左下三角元素中的值乘以 n。

    例如:若 n 的值为 3,a 数组中的值为

    |1 9 7| |3 9 7|
    a =|2 3 8| 则返回主程序后 a 数组中的值应为 |6 9 8|
    |4 5 6| |12 15 18|

11. 功能:编写函数 void fun(int arr[ ],int n)将一个数组中的值按逆序存放,并在 main( )函数中实现输入和输出。

    例如:原来存顺序为 8,6,5,4,1。要求改为:1,4,5,6,8。

12. 功能:编写函数 int fun(int a[ ], int n),删去一维数组中所有相同的数,使之只剩一个。数组中的数已按由小到大的顺序排列,函数返回删除后数组中数据的个数。建议数组在主函数中按数值升序初始化给出。

    例如:一维数组中的数据是:2 2 2 3 4 4 5 6 6 6 6 7 7 8 9 9 10 10 10。

    删除后数组中的内容应该是:2 3 4 5 6 7 8 9 10。

13. 功能:编写函数 double fun(double x[9]),计算并输出给定数组(长度为9)中每相邻两个元素之平均值的平方根之和。

    例如:给定数组中的 9 个元素依次为 12.0、34.0、4.0、23.0、34.0、45.0、18.0、3.0、11.0,

    输出应为:s=35.951014。

14. 功能:请编写函数 void fun(int w[ ],int p,int n),移动一维数组 w 中的内容;若数组中有 n 个整数,要求把下标从 0 到 p(含 p,p 小于等于 n-1)的数组元素平移到数组的最后。

    例如:一维数组中的原始内容为:1,2,3,4,5,6,7,8,9,10;p 的值为 3。

    移动后,一维数组中的内容应为:5,6,7,8,9,10,1,2,3,4。

15. 功能:请编写函数 double fun(int w[ ][N]),求出数组周边元素的平均值并作为函数值返回。主函数中完成数组的定义和赋值。

    例如:a 数组中的值为

    |0 1 2 7 9|
    |1 9 7 4 5|
    a =|2 3 8 3 1|
    |4 5 6 8 2|
    |5 9 1 4 1|

    则返回主程序的结果为:3.375000。

第九章　指　针

一、单项选择

1. 若有说明:int *p1,*p2,m=5,n;以下均是正确赋值语句的选项是　　　　（　　）

  A. p1=&m;*p2=*p1;　　　　　　　　B. p1=&m;p2=p1;

  C. p1=&m;p2=&p1　　　　　　　　　D. p1=&m;p2=&n;*p1=p2;

2. 若有说明:int i,j=2,*p=&i;,则能完成 i=j 赋值功能的语句是　　　　（　　）

  A. i=*p;　　　　　B. i=&j;　　　　　C. *p=*&j;　　　D. i=**p;

3. 下列关于指针定义的描述,（　　）是错误的

  A. 指针变量的类型与它所指向的变量类型一致

  B. 指针是一种变量,该变量用来存放某个变量的地址值的

  C. 指针变量的命名规则与标识符相同

  D. 指针是一种变量,该变量用来存放某个变量的值

4. 若定义:int a=511,*b=&a;,则 printf("%d\n",*b);的输出结果为　（　　）

  A. 512　　　　　　B. 511　　　　　　C. a 的地址　　　　D. 无确定值

5. 关于指针概念说法不正确的是　　　　　　　　　　　　　　　　　（　　）

  A. 指针变量可以由整数赋,不能用浮点赋

  B. 只有同一类型变量的地址才能放到指向该类型变量的指针变量之中

  C. 一个变量的地址称为该变量的指针

  D. 一个指针变量只能指向同一类型变量

6. 下列语句定义 p 为指向 float 类型变量 d 的指针,其中哪一个是正确的　（　　）

  A. float d,*p=d;　　　　　　　　　B. float d,*p=&d;

  C. float d,p=d;　　　　　　　　　　D. float *p=&d,d;

7. 若有以下定义和语句,则以下选项中错误的语句是　　　　　　　　（　　）

  int a=4,b=3,*p,*q,*w;

  p=&a;q=&b;w=q;q=NULL;

  A. *q=0;　　　　　B. w=p;　　　　　C. *p=a;　　　　　D. *p=*w;

8. 若有声明"double x=3,c,*a=&x,*b=&c;",则下列语句中错误的是　（　　）

  A. a=b=0;　　　　B. a=&c,b=a;　　　C. &a=&b;　　　　D. *b=*a;

9. 若有定义:"int x, * pb;",则以下正确的赋值表达式为　　　　　　(　　)

　　A. pb = &x　　　　　B. pb = x　　　　　C. * pb = &x　　　　D. * pb = * x

10. 设变量定义为"int x, * p = &x;",则 &(* p)相当于　　　　　　(　　)

　　A. * (&x)　　　　　B. * p　　　　　C. p　　　　　D. x

11. 若有语句 int * point,a = 4;和 point = &a;下面均代表地址的一组选项是 (　　)

　　A. & * a, &a, * point　　　　　　B. a, point, * &a

　　C. * &point, * point, &a　　　　　D. &a, & * point, point

12. 执行下列语句后的结果为　　　　　　　　　　　　　　　　　(　　)

```
int x = 3,y;
int * px = &x;
y = * px ++;
```

　　A. x = 3,y = 4　　　　　　　　　B. x = 3,y 未知

　　C. x = 4,y = 4　　　　　　　　　D. x = 3,y = 3

13. 若有 int i = 3, * p;p = &i;下列语句中输出结果为 3 的是　　　　(　　)

　　A. printf(" % d",p);　　　　　　B. printf(" % d",&p);

　　C. printf(" % d", * i);　　　　　　D. printf(" % d", * p);

14. 若有说明:int * p,m = 5,n;以下正确的程序段是　　　　　　　(　　)

　　A. scanf(" % d",&n); * p = n;　　　B. p = &n; * p = m;

　　C. p = &n;scanf(" % d", * p)　　　D. p = &n;scanf(" % d",&p);

15. 对于基本类型相同的两个指针变量之间,不能进行的运算是　　　(　　)

　　A. +　　　　　　B. <　　　　　　C. =　　　　　　D. −

16. 有定义:char * p1, * p2;则下列表达式中正确合理的是　　　　　(　　)

　　A. p1 / = 5　　　B. p1 + = 5　　　C. p1 = &p2　　　D. p1 * = p2

17. 以下程序的输出结果是　　　　　　　　　　　　　　　　　　(　　)

```
void  prtv(int  * x)
{ printf("%d\n",++ * x); }
main()
{ int  a = 25;
    prtv(&a);
}
```

　　A. 24　　　　　　B. 26　　　　　　C. 23　　　　　　D. 25

18. 以下四个程序中,能正常运行,并实现对两个整型值进行交换的是　(　　)

A. main()
```
{ int a =10, b =20;
  int  * x = &a, &y = &b;
  swap(x,y);
  printf("%d%d \n", * a, * b);
}
swap(in  * p, int  * q)
{ int  t;
  *t = * p;  * p = * q;/
  * q = * t;
}
```

B. main()
```
{ int  a =10, b =20;
  swap(&a, &b);
  printf("%d%d \n", * a, * b);
}
swap(in  * p, int  * q)
{ int  t;
  * t = * p;  * p = * q;
  * q = * t;
}
```

C. main()
```
{ int  * a, * b;
  * a =10, * b =20;
  swap(a, b);
  printf("%d%d \n", * a, * b);
}
swap(int  * p, int  * q)
{ int  t;
  t = * p,  * p = * q,
  * q = * t;
}
```

D. main()
```
{ int  a =10, b =20;
  swap(a, b);
  printf("%d%d \n", * a, * b);
}
swap(int  * p, int  * q)
{ int  * t;
  t = &a; * t = * p;
  * p = * q;  * q = * t;
}
```

19. 有以下程序
```
void fun(char * c,int d)
{  * c = * c +1;d = d +1;
  printf("%c,%c,", * c,d);
}
main()
{ char a ='A',b ='a';
  fun(&b,a); printf("%c,%c \n",a,b);
}
```
程序运行后的输出结果是   (   )

A. B,a,B,a   B. a,B,a,B   C. A,b,A,b   D. b,B,A,b

20. 以下程序运行后,输出结果是　　　　　　　　　　　　　　　　　　（　　）

```
void fun(int * x)
{  printf("%d\n",++ * x);  }
main()
{  int a = 25;
   fun(&a);
}
```

  A. 23　　　　　　B. 24　　　　　　C. 25　　　　　　D. 26

21. 下列程序的运行结果是　　　　　　　　　　　　　　　　　　　　（　　）

```
void fun(int * a, int * b)
{  int * k;
   k = a; a = b; b = k;
}
main()
{  int a = 3, b = 6, * x = &a, * y = &b;
   fun(x,y);
   printf("%d %d", a, b);
}
```

  A. 编译出错　　　B. 6 3　　　　　C. 3 6　　　　　D. 0 0

22. 以下程序段给数组所有元素输入数据,应在下划线处填入的是　　　（　　）

```
main()
{  int  a[10], i = 0;
   while(i < 10)
   scanf("%d", _____ );
   …
}
```

  A. &a[i+1]　　　B. a+i　　　　　C. &a[++i]　　　D. a+(i++)

23. 以下程序的输出结果是　　　　　　　　　　　　　　　　　　　　（　　）

```
main()
{  int  a[] = {1, 2, 3, 4}, i, x = 0;
   for(i = 0;  i < 4;  i++)
   {  sub(a, &x);  printf("%d", x);  }
   printf("\n");
```

```
}
sub(int *s, int *y)
{ static int t=3;
    *y=s[t]; t--;
}
```

A. 4 4 4 4   B. 0 0 0 0   C. 1 2 3 4   D. 4 3 2 1

24. 以下程序的输出结果是   ( )

```
void sub(int x, int y, int *z)
{ *z=y-x; }
main()
{ int a, b, c;
    sub(10,5,&a); sub(7,a,&b); sub(a,b,&c);
    printf("%d, %d, %d\n", a, b, c);
}
```

A. -5, -12, -7   B. -5, -12, -17

C. 5, -2, -7   D. 5, 2, 3

25. 以下程序的输出结果是   ( )

```
main()
{ int k=2, m=4, n=6;
    int *pk=&k, *pm=&m, *p;
    *(p=&n)=*pk * (*pm);
    printf("%d\n", n);
}
```

A. 8   B. 10   C. 6   D. 4

26. 以下程序的输出结果是   ( )

```
void sub(float x, float *y, float *z)
{ *y=*y-1.0;
    *z=*z+x;
}
main()
{ float a=2.5, b=9.0, *pa, *pb;
    pa=&a; pb=&b;
    sub(b-a, pa, pb);
```

```
    printf("%f\n", a);
}
```

  A. 10.500000 B. 9.000000   C. 1.500000   D. 8.000000

27. 以下程序的输出结果是   ( )

```
void fun(flaot *a, float *b)
{ float w;
    *a = *a + *a;
    w = *a;
    *a = *b;
    *b = w;
}
main()
{ float x = 2.0; y = 3.0;
    float *px = &x, *py = &y;
    fun(px, py);
    printf("%2.0f,%2.0f\n", x, y);
}
```

  A. 2,3   B. 3,4   C. 3,2   D. 4,3

28. 以下选项均为 fun 函数定义的头部,其中错误的是   ( )

  A. int fun(int x, int y[])   B. int fun(int x, int y[x])

  C. int fun(int x, int y[3])   D. int fun(int x, int *y)

29. 与实际参数为实型数组名相对应的形式参数不可以定义为   ( )

  A. float a;   B. float a[];   C. float (*a)[3]; D. float *a;

30. 数组名作为实参数传递给函数时,数组名被处理为   ( )

  A. 该数组的长度   B. 该数组的元素个数

  C. 该数组的首地址   D. 该数组中各元素的值

31. 下列说法中错误的是   ( )

  A. 数组的名称其实是数组在内存中的首地址

  B. 一个数组只允许存储同种类型的变量

  C. 如果在对数组进行初始化时,给定的数据元素个数比数组元素个数少时,多余的数组元素会被自动初始化为最后一个给定元素的值

  D. 当数组名作为参数被传递给某个函数时,原数组中的元素的值可能被修改

32. 若有以下的定义:int t[3][2];能正确表示 t 数组元素地址的表达式是 （ ）

    A. &t[3][2]   B. &t[1]   C. t[3]   D. t[2]

33. 若有定义和语句:int a[4][5],(*cp)[5]; cp=a;

    则对 a 数组元素的引用正确的是 （ ）

    A. cp+1   B. *(cp+3)

    C. *(cp+1)+3   D. *(*cp+2)

34. 以下程序的输出结果是 （ ）

```
main()
{ int  a[3][4]={1,3,5,7,9,11,13,15,17,19,21,23};
   int  (*p)[4]=a,i,j,k=0;
   for(i=0;i<3;i++)
       for(j=0;j<2;j++)
          k+=*(*(p+i)+j);
   printf("%d\n",k);
}
```

    A. 68   B. 99   C. 60   D. 108

35. 已知有声明"int a[2][3]={0}, *p1=a[1],(*p2)[3]=a;",以下表达式中

    与"a[1][1]=1" 不等价的表达式是 （ ）

    A. *(*(p2+1)+1)=1   B. p2[1][1]=1

    C. *(p1+1)=1   D. p1[1][1]=1

36. 若有 int a[][2]={{1,2},{3,4}}; 则 *(a+1),*(*a+1)的含义分别为

                                              （ ）

    A. &a[1][0],2   B. &a[0][1],3   C. 非法,2   D. a[0][0],4

37. char *match(char c)是 （ ）

    A. 函数调用   B. 函数预说明

    C. 函数定义的头部   D. 指针变量说明

38. 在说明语句:int *f();中,标识符 f 代表的是 （ ）

    A. 一个返回值为指针型的函数名   B. 一个用于指向函数的指针变量

    C. 一个用于指向一维数组的行指针   D. 一个用于指向整型数据的指针变量

二、程序填空

1. 以下程序实现将 a 数组中后 8 个元素从大到小排序的功能。

```
void sort(int *x,int n);
```

```
main()
{  int a[12]={5,3,7,4,2,9,8,32,54,21,6,43},k;
   /**********FILL**********/
   sort(_____,8);
   for(k=0;k<12;k++)printf("%d  ",a[k]);
}
void sort(int *x,int n)
{  int j,t;
   if(n==1) return;
   for(j=1;j<n;j++)
   /**********FILL**********/
      if(_____)
   {  t=x[0];x[0]=x[j];x[j]=t; }
      sort(x+1,n-1);
}
```

2. 输入数组,最大的与最后一个元素交换,最小的与第一个元素交换,输出数组。

```
#include <stdio.h>
void max_min(int array[10])
{
   int *max,*min,t,*p,*arr_end;
   arr_end=array+10;
   max=min=array;
   for(p=array;p<arr_end;p++)
     if(*p>*max)  max=p;
     else if(*p<*min)
   /**********FILL**********/
   _____;
   t=array[0];
   array[0]=*min;
   *min=t;
   t=array[9];
   /**********FILL**********/
   _____;
```

```
    * max = t ;
}
void output (int array [10])
{
    int *p;
    /********** FILL ********** /
    for (p = array;_____ ;p++)  printf("%d,",*p);
    printf("%d\n",array[9]);
}
void main()
{
    int number[10],i;
    for(i=0;i<10;i++)    scanf("%d",&number[i]);
    max_min(number);
    output(number);
}
```

三、程序改错

1. 功能:实现交换两个整数的值。

例如:给 a 和 b 分别输入 3 和 6,输出为 a = 6 b = 3

```
#include <stdio.h>
/********** FOUND ********** /
void fun (int a, b)
{
    int t;
    /********** FOUND ********** /
    t = a;
    /********** FOUND ********** /
    a = b;
    /********** FOUND ********** /
    b = t;
}
main()
```

```
{
    int a,b;
    printf("enter a,b:");scanf("%d%d",&a,&b);
    fun(&a,&b);
    printf("a =%d b =%d \n",a,b);
}
```

2. 功能:输入一行英文文本,将每一个单词的第一个字母变成大写。
   例如:输入"This is a C program. ",输出为"This is A C Program. "。

```
#include < string.h >
#include < stdio.h >
 / ********** ERROR ********** /
fun(char p)
{
    int k =0;
     / ********** ERROR ********** /
    while( * p =='\0')
    {   if(k ==0&& * p! ='')
        {   * p =toupper( * p);
             / ********** ERROR ********** /
            k =0;
        }
        else if( * p! ='')    k =1;
            else    k =0;
         / ********** ERROR ********** /
        * p ++;
    }
}
main()
{
    char str[81];
    printf("please input a English text line:");  gets(str);
    printf("The original text line is :");  puts(str);
    fun(str);
```

```
        printf("The new text line is :");  puts(str);
    }
```

3. 功能:在一个一维整型数组中找出其中最大的数及其下标。

```
#include <stdio.h>
#define N 10
/********** ERROR **********/
float fun(int *a,int *b,int n)
{  int *c,max = *a;
    for(c = a +1;c <a +n;c ++)
        if(*c >max)
        {  max = *c;
            /********** ERROR **********/
            b = c - a;
        }
    return max;
}
void main()
{
    int a[N],i,max,p =0;
    printf("please enter 10 integers:\n");
    for(i =0;i <N;i ++)
        /********** ERROR **********/
        scanf("%d",a[i]);
    /********** ERROR **********/
    max = fun(a,p,N);
    printf("max =%d,position =%d",max,p);
}
```

4. 功能:为一维数组输入 10 个整数;将其中最小的数与第一个数对换,将最大的数
   与最后一个数对换,输出数组元素。

```
#include <stdio.h>
void input(int *arr,int n)
{
    int *p,i;
```

```
        p = arr;
        printf("please enter 10 integers:\n");
        for(i = 0;i < n;i ++)
        /********** ERROR ********** /
        scanf("%d",p);
    }
    void max_min(int * arr,int n)
    {
        int * min, * max, * p,t;
        min = max = arr;
        for(p = arr +1;p < arr +n;p ++)
            /********** ERROR ********** /
            if( * p < * max)
                max = p;
            else if( * p < * min) min = p;
        t = * arr; * arr = * min; * min = t;
        /********** ERROR ********** /
        if(max = = arr) max = min;
        t = * (arr +n -1);
        * (arr +n -1) = * max;
        * max = t;
    }
    void output(int * arr,int n)
    {
        int * p,i;
        p = arr;
        printf("The changed array is:\n");
        /********** ERROR ********** /
        while(i = 0;i < n;i ++)
            printf("% 3d", * p ++);
        printf("\n");
    }
    main()
```

```
{
    int a[10];
    input(a,10);
    max_min(a,10);
    output(a,10);
}
```

四、程序设计

1. 功能：请编写一个函数 int fun(int ∗ s, int t, int ∗ k)，用来求出数组的最大元素在数组中的下标，用 k 返回。

例如：输入如下整数：876 675 896 101 301 401 980 431 451 777，则输出结果为：6，980

2. 功能：请编写一个函数 float fun(float ∗ a,int n)，计算 n 门课程的平均分，计算结果作为函数值返回。

例如：若有 5 门课程的成绩是：90.5,72,80,61.5,55，则函数的值为：71.80。

3. 功能：请编写函数 void　fun（int x, int　pp[], int ∗ n)，求出能整除形参 x 且不是偶数的各整数，并按从小到大的顺序放在 pp 所指的数组中，这些除数的个数通过形参 n 返回。

例如：若 x 中的值为：35，则有 4 个数符合要求，它们是：1,5,7,35。

4. 功能：请编写函数 void　fun(char　(∗ s)[N], char ∗ b)，将 M 行 N 列的二维数组中的字符数据按列的顺序依次放到一个字符串中。

例如：二维数组中的数据为：

   W W W W

   S S S S

   H H H H

则字符串中的内容应是：WSHWSHWSHWSH。

第十章 字符串

一、单项选择

1. 若有声明"int i;float x;char a[50];",为使 i 得到值 1,x 得到值 3.1416,a 得到值 yz,当执行语句"scanf("%3d%f%2s",&i,&x,a);"时,正确的输入形式是 ( )
   A. 1,3.1416,yz ✓   B. 13.1416yz ✓
   C. 0013.1416yz ✓   D. i=001,x=3.1416,a=yz ✓

2. 不正确的字符串赋值或赋初值的方式是 ( )
   A. char str[] = "string";
   B. char str[7] = {'s','t','r','i','n','g'};
   C. char str[10];str = "string";
   D. char str[7] = {'s','t','r','i','n','g', '\0'};

3. 若有数组 A 和 B 的声明"static char A[ ] = "ABCDEF",B[ ] = {'A','B','C','D', 'E','F'};",则数组 A 和数组 B 所占字节数分别是 ( )
   A. 7,6   B. 6,7   C. 6,6   D. 7,7

4. static char str[10] = "China";数组元素个数为 ( )
   A. 5   B. 10   C. 6   D. 9

5. 若有定义语句:char c[5] = {'a','b','\0','c','\0'};,则执行语句 printf("%s", c);的结果是 ( )
   A. ab c   B. ab\0c   C. 'a''b'   D. ab

6. 下列对 C 语言字符数组的描述中错误的是 ( )
   A. 字符数组可以存放字符串
   B. 字符数组中的字符串可以整体输入、输出
   C. 可以在赋值语句中通过赋值运算符" = "对字符数组整体赋值
   D. 不可以用关系运算符对字符数组中的字符串进行比较

7. 对两个数组 a 和 b 进行如下初始化:
   char a[] = "ABCDEF";
   char b[] = {'A','B','C','D','E','F'};
   则以下叙述正确的是 ( )

    A. a 与 b 中都存放字符串   B. a 数组比 b 数组长度长

    C. a 与 b 长度相同   D. a 与 b 完全相同

8. 下列选项中正确的语句组是   (   )

    A. char s[8]; s = {"Beijing"};   B. char *s; s = {"Bei jing"};

    C. char s[8]; s = "Beijing";   D. char *s; s = "Beijing";

9. 字符串指针变量中存入的是   (   )

    A. 第一个字符   B. 字符串

    C. 字符串的首地址   D. 字符串变量

10. char *s1 = "hello", *s2; s2 = s1; 则   (   )

    A. s2 指向不确定的内存单元   B. s1 不能再指向其他单元

    C. 不能访问"hello"   D. puts(s1); 与 puts(s2); 结果相同

11. 以下程序段的输出结果是   (   )

```
char  str[] = "ABCD", *p = str;
printf("%d\n", *(p + 3));
```

    A. 不确定的值   B. 字符 D 的地址

    C. 68   D. 0

12. 库函数 strcpy 用以复制字符串。若有以下定义和语句:

```
char  str1[] = "abc", str2[8], *str3, *str4 = "abc";
```

    则以下库函数 strcpy 运行正确的是   (   )

    A. strcpy(str1, "HELLO");   B. strcpy(str2, "HELLO");

    C. strcpy(str3, "HELLO");   D. strcpy(str4, "HELLO");

13. 以下程序运行后,输出结果是   (   )

```
main()
{ char  *s = "abcde";
  s += 2;
  printf("%ld \n", s);
}
```

    A. cde   B. 字符 c 的 ASCII 码值

    C. 字符 c 的地址   D. 出错

14. 设 char a[5], *p = a; 下面选择中正确的赋值语句是   (   )

    A. *a = "abcd";   B. a = "abcd";

    C. p = "abcd";   D. *p = "abcd";

15. 以下程序段的输出结果为　　　　　　　　　　　　　　　　　　（　　）

```
char c[] = "abc"; int  i = 0;
do;while(c[i++]! = '\0');
printf("%d",i -1);
```

　　A. abc　　　　　　B. 3　　　　　　　C. ab　　　　　　D. 2

16. 以下程序的输出结果是　　　　　　　　　　　　　　　　　　　（　　）

```
main()
{ char  s[] = "ABCD",  * p;
   for(p = s;  p < s + 4; p ++) printf("%s +", p);
}
```

　　A. A + B + C + D +　　　　　　　　B. ABCD + ABC + AB + A +

　　C. ABCD + BCD + CD + D +　　　　D. D + C + B + A +

17. 程序运行中要输入某字符串时,不可使用的函数是　　　　　　　（　　）

　　A. getchar( )　　　B. scanf( )　　　　C. fread( )　　　　D. gets( )

18. char a[ ] = "This is a program. ";输出前 5 个字符的语句是　（　　）

　　A. printf("％s",a);　　　　　　　　B. a[5 * 2] = 0;puts(a);

　　C. printf("％.5s",a);　　　　　　　D. puts(a);

19. 以下程序运行后的输出结果是　　　　　　　　　　　　　　　　（　　）

```
main()
{ char a[7] = "a0 \0a0 \0";  int i,j;
   i = sizeof(a);  j = strlen(a);
   printf("%d  %d",i,j);
}
```

　　A. 2 2　　　　　　B. 7 2　　　　　　C. 7 5　　　　　D. 6 2

20. 以下程序段的输出结果是　　　　　　　　　　　　　　　　　　（　　）

```
printf("%d \n", strlen("ATS \n012 \1 \\"));
```

　　A. 8　　　　　　　B. 11　　　　　　　C. 10　　　　　　D. 9

21. 若有 char s1[ ] = "abc",s2[20], * t = s2;gets(t);则下列语句中能够实现当字
　　符串 s1 大于字符串 s2 时,输出 s2 的语句是　　　　　　　　　　（　　）

　　A. if(strcmp(s2,s1) > 0)puts(s2);

　　B. if(strcmp(s1,t) > 0)puts(s2);

　　C. if(strcmp(s1,s1) > 0)puts(s2);

　　D. if(strcmp(s2,t) > 0)puts(s2);

22. char a1[ ] = "abc",a2[80] = "1234";将 a1 串连接到 a2 串后面的语句是（　　　）

  A. strcat(a1,a2);   B. strcat(a2,a1);

  C. strcpy(a2,a1);   D. strcpy(a1,a2);

23. char a[10];不能将字符串"abc"存储在数组中的是   （　　）

  A. strcpy(a,"abc");

  B. int i;for(i = 0;i < 3;i ++)a[i] = i +97;a[i] = 0;

  C. a = "abc";

  D. a[0] = 0;strcat(a,"abc");

24. 函数调用:strcat(strcpy(str1,str2),str3)的功能是   （　　）

  A. 将串 str2 连接到串 str1 之后再将串 str1 复制到串 str3 中

  B. 将串 str1 复制到串 str2 中后再连接到串 str3 之后

  C. 将串 str2 复制到串 str1 中后再将串 str3 连接到串 str1 之后

  D. 将串 str1 连接到串 str2 之后再复制到串 str3 之后

25. 有如下程序段:

```
char p1[80] = "Nanjing",p2[20] = "Young",*p3 = "Olympic";
strcpy(p1,stcat(p2,p3));
printf("%s\n",p1);
```

  执行该程序段后的输出是   （　　）

  A. NanjingYoungOlympic   B. YoungOlympic

  C. Olympic   D. Nanjing

26. 有以下程序

```
void ss(char *s,char t)
{ while(*s)
   { if(*s==t) *s = t -'a' +'A';
     s ++;
   }
}
main()
{ char str1[100] = "abcddfefdbd",c ='d';
  ss(str1,c);
  printf("%s\n",str1);
}
```

  程序运行后的输出结果是   （　　）

A. ABCDDEFEDBD   B. abcDDfefDbD

C. abcAAfefAbA   D. Abcddfefdbd

27. 当运行以下程序时输入 OPEN THE DOOR < CR > ,则输出结果是   (   )

```
#include <stdio.h>
char  fun(char  *c)
{ if(*c<='Z' && *c >='A')
   *c - ='A' - 'a';
   return *c;
}
main()
{ char  s[80], *p=s;
   gets(s);
   while(*p)
   {  *p=fun(p);
     putchar(*p);  p++;
   }
   putchar('\n');
}
```

A. oPEN tHE dOOR   B. Open The Door

C. open the door   D. OPEN THE DOOR

28. 以下程序中函数 scmp 的功能是返回形参指针 s1 和 s2 所指字符串中较小字符串
    的首地址

```
#include <stdio.h>
#include <string.h>
char *scmp(char *s1, char *s2)
{ if(strcmp(s1,s2)<0)
   return(s1);
   else return(s2);
}
main()
{ int i;
   char string[20], str[3][20];
   for(i=0;i<3;i++)
```

```
        gets(str[i]);
        strcpy(string,scmp(str[0],str[1]));
        strcpy(string,scmp(string,str[2]));
        printf("%s \n",string);
    }
```

若运行时依次输入:abcd、abba 和 abc 三个字符串,则输出结果为　　　　　(　　)

  A. abcd　　　　　　　B. abba　　　　　　　C. abc　　　　　　　D. abca

29. 以下程序的输出结果是　　　　　　　　　　　　　　　　　　　(　　)

```
#include <stdio.h>
#include <string.h>
void  fun( char  *w,  int  m)
{ char  s, *p1, *p2;
    p1 =w;  p2 =w +m -1;
    while(p1 < p2)
    { s = *p1; *p1 = *p2;  *p2 =s;  p1 ++;  p2 -- ; }
    }
main()
{ char  a[] = "ABCDEFG";
    fun(a, strlen(a));
    puts(a);
}
```

  A. AGADAGA　　　B. AGAAGAG　　　C. GFEDCBA　　　D. GAGGAGA

30. 有以下程序,执行后输出结果是　　　　　　　　　　　　　　　(　　)

```
main()
{ char  *s[] ={"one","two","three"}, *p;
    p =s[1];
    printf("%c,%s \n", *(p +1),s[0]);
}
```

  A. n,two　　　　　　B. t,one　　　　　　C. w,one　　　　　　D. o,two

31. 对于定义,char *aa[2] ={"abcd","ABCD"},选项中说法正确的是　(　　)

  A. aa 数组元素的值分别是"abcd" 和"ABCD"

  B. aa 数组的两个元素分别存放的是含有 4 个字符的一维字符数组的首地址

  C. aa 数组的两个元素中各自存放了字符 'a' 和 'A' 的地址

D. aa 是指针变量,它指向含有两个数组元素的字符型一维数组

32. 设有以下语句,若 0 < k < 4,下列选项中对字符串的非法引用是　　　　( )

```
char str[4][20] = {"aaa","bbb","ccc","ddd"}, * strp[4];
int  j;
for (j = 0;j < 4;j ++)    strp[j] = str[j];
```

A. * strp　　　　B. strp[k]　　　　C. str[k]　　　　D. strp

33. 以下程序的输出结果是　　　　　　　　　　　　　　　　　( )

```
main()
{ char  ch[2][5] = {"6937", "8254"}, *p[2];
  int  i, j, s = 0;
  for(i = 0; i < 2; i ++) p[i] = ch[i];
  for(i = 0; i < 2; i ++)
      for(j = 0;  p[i][j] > '\0' && p[i][j] <= '9'; j += 2)
          s = 10 * s + p[i][j] - '0';
  printf("%d\n", s);
}
```

A. 69825　　　　B. 693825　　　　C. 6385　　　　D. 63825

34. 以下程序的输出结果是　　　　　　　　　　　　　　　　　( )

```
main()
{ int  ** k,  * a, b = 100;
  a = &b;  k = &a;
  printf("%d\n", ** k);
}
```

A. b 的地址　　　B. 100　　　　C. 运行出错　　　　D. a 的地址

35. 以下程序的输出结果是　　　　　　　　　　　　　　　　　( )

```
main()
{ char  * alpha[6] = {"ABCD","EFGH","iJKL","MNOP","QRST","UVWX"};
  char  ** p;
  int  i;
  p = alpha;
  for(i = 0; i < 4; i ++) printf("%s", p[i]);
  printf("\n");
}
```

　　　　A.　ABCD　　　　　　　　　　　　　　B.　AeiM

　　　　C.　ABCDEFGHiJKL　　　　　　　　D.　ABCDEFGHiJKLMNOP

36. 以下程序段 char ＊ alp[ ] ＝ {"ABC" ,"DEF" ,"GHI"} ; int j; puts(alp[1]) ;的输
　　出结果是　　　　　　　　　　　　　　　　　　　　　　　　　　（　　　）

　　　　A.　DEF　　　　　　B.　B　　　　　　C.　D　　　　　　D.　A

二、程序填空

1. 下列给定程序中,函数 fun 的功能是:逐个比较 a、b 两个字符串对应位置中的字
符,把 ASCII 值大或相等的字符依次存放到 c 数组中,形成一个新的字符串。
　　例如:若 a 中的字符串为:aBCDeFgH,b 中的字符串为:ABcd,则 c 中的字符串应
为:aBcdeFgH. 请填空。

```
#include < stdio.h >
#include < string.h >
void fun (char ＊p, char ＊q, char ＊c)
{  int k =1;
   /＊＊＊＊＊＊＊＊＊＊FILL＊＊＊＊＊＊＊＊＊＊/
   while( _____ )
   /＊＊＊＊＊＊＊＊＊＊FILL＊＊＊＊＊＊＊＊＊/
   {  if ( _____ ) c[k] = ＊q;
      else c[k] = ＊p;
      if(＊p! ='\0') p++;
      if(＊q! ='\0') q++;
      /＊＊＊＊＊＊＊＊＊＊FILL＊＊＊＊＊＊＊＊＊/
      _____ ;
   }
}
main()
{  char a[10] = "aBCDeFfH",b[10] = "ABcd",c[80] = {'\0'};
   fun (a,b,c);
   printf("The string a:");puts (a);
   printf("The string b:");puts (b);
   printf("The result :");puts(c);
}
```

2. 功能:将一个字符串中下标为 m 的字符开始的全部字符复制成为另一个字符串。

```c
#include < stdio.h >
void strcopy(char * str1,char * str2,int m)
{
    char * p1, * p2;
    /* * * * * * * * * * FILL * * * * * * * * * * /

    _____

    p2 = str2;
    while( * p1)
    /* * * * * * * * * * FILL * * * * * * * * * * /

    _____

    /* * * * * * * * * * FILL * * * * * * * * * * /

    _____

}
main()
{
    int m;
    char str1 [80],str2 [80];
    gets(str1);  scanf("%d",&m);
    /* * * * * * * * * * FILL * * * * * * * * * * /

    _____

    puts(str1);puts(str2);
}
```

3. 功能:是将两个字符串连接为一个字符串,不许使用库函数 strcat。

```c
#include < stdio.h >
#include "string.h"
JOIN(char s1 [80],s2 [40])
{
    int i,j;
    /* * * * * * * * * * FILL * * * * * * * * * * /

    _____

    /* * * * * * * * * * FILL * * * * * * * * * * /
    for (i =0 ; _____'\0';i ++)
```

```
        s1 [i + j] = s2 [i];
    /ﾟ ﾟ ﾟ ﾟ ﾟ ﾟ ﾟ ﾟ ﾟ ﾟ FILL ﾟ ﾟ ﾟ ﾟ ﾟ ﾟ ﾟ ﾟ ﾟ ﾟ /
    s1 [i + j] = _____ ;
}
main ()
{
    char str1 [80],str2 [40];
    gets (str1);gets (str2);
    puts (str1);puts (str2);
    /ﾟ ﾟ ﾟ ﾟ ﾟ ﾟ ﾟ ﾟ ﾟ ﾟ FILL ﾟ ﾟ ﾟ ﾟ ﾟ ﾟ ﾟ ﾟ ﾟ ﾟ /
    _____
    puts (str1);
}
```

4. 功能:将一个字符串中的前 N 个字符复制到一个字符数组中去,不许使用 strcpy
函数。

```
#include < stdio.h >
main ()
{
    char str1 [80],str2 [80];
    int i,n;
    /ﾟ ﾟ ﾟ ﾟ ﾟ ﾟ ﾟ ﾟ ﾟ ﾟ FILL ﾟ ﾟ ﾟ ﾟ ﾟ ﾟ ﾟ ﾟ ﾟ ﾟ /
    gets (_____);
    scanf ("%d",&n);
    /ﾟ ﾟ ﾟ ﾟ ﾟ ﾟ ﾟ ﾟ ﾟ ﾟ FILL ﾟ ﾟ ﾟ ﾟ ﾟ ﾟ ﾟ ﾟ ﾟ ﾟ /
    for (i = 0; _____ ;i ++)
    /ﾟ ﾟ ﾟ ﾟ ﾟ ﾟ ﾟ ﾟ ﾟ ﾟ FILL ﾟ ﾟ ﾟ ﾟ ﾟ ﾟ ﾟ ﾟ ﾟ ﾟ /
    _____
    /ﾟ ﾟ ﾟ ﾟ ﾟ ﾟ ﾟ ﾟ ﾟ ﾟ FILL ﾟ ﾟ ﾟ ﾟ ﾟ ﾟ ﾟ ﾟ ﾟ ﾟ /
    _____
    printf ("%s \n",str2);
}
```

5. 功能:删除字符串中的指定字符,字符串和要删除的字符均由键盘输入。

```
#include < stdio.h >
```

```
main()
{
    char str[80],ch;
    int i,k=0;
    /**********FILL**********/
    gets(_____);
    ch=getchar();
    /**********FILL**********/
    for(i=0;_____;i++)
        if(str[i]!=ch)
        {
            /**********FILL**********/
            _____
            k++;
        }
    /**********FILL**********/
    _____
    puts(str);
}
```

三、程序改错

1. 功能:将一个字符串中的大写字母转换成小写字母。

例如:输入 aSdFG 输出为 asdfg。

```
#include <stdio.h>
/**********ERROR**********/
bool fun(char *c)
{
    if(*c<='Z'&& *c>='A') *c-='A'-'a';
    /**********ERROR**********/
    fun=c;
}
main()
{
```

```
/********** ERROR ********** /
char s[81],p=s;
gets(s);
while(*p)
{
    *p=fun(p);
    /********** ERROR ********** /
    puts(*p);
    p++;
}
putchar('\n');
}
```

2. 功能:将 s 所指字符串的反序和正序进行连接形成一个新串放在 t 所指的数组中。
例如:当 s 所指的字符串的内容为" ABCD " 时, t 所指数组中的内容为"
DCBAABCD " 。

```
#include <conio.h>
#include <stdio.h>
#include <string.h>
/********** FOUND ********** /
void fun (char   s, char   t)
{
    int  i, d;
    /********** FOUND ********** /
    d=len(s);
    /********** FOUND ********** /
    for (i=1; i<d; i++)
        t[i]=s[d-1-i];
    for (i=0; i<d; i++)
        t[d+i]=s[i];
    /********** FOUND ********** /
    t[2*d]='/0';
}
main()
```

```
{
    char  s[100], t[100];
    printf("\nPlease enter string S:");
    scanf("%s", s);
    fun(s, t);
    printf("\nThe result is: %s \n", t);
}
```

3. 功能：用递归法将一个整数 n 转换成字符串。例如，输入整数 987，应输出字符串
   "987"。
   说明：n 的位数不超过 5 位，并且在主函数中输入。

```
/********** FOUND **********/
#define  "stdio.h"
/********** FOUND **********/
char s[6] ='0';
int i =4;
int changdg(int n)
{
    if(n /10 ==0) s[i] =n +48;
    else
    {
        /********** FOUND **********/
        s[i] =n%10 +65;
        i--;
        changdg(n /10);
    }
}
main()
{
    int n;
    scanf("%d",&n);
    /********** FOUND **********/
    changdg(int n);
    puts(&s[i]);
}
```

四、程序设计

1. 功能:编写函数 void change(char str[]),将字符串中的小写字母转换为对应的大写字母,其它字符不变。

2. 功能:编写函数 void copy(char str1[],char str2[])实现将第二个串复制到第一个串中, 不允许用 strcpy 函数。

3. 功能:编写函数 void len_cat(char c1[],char c2[])将第二个串连接到第一个串之后,不允许使用 strcat 函数。

4. 功能:编写函数 void fun(char *s,int num)对长度为 num 个字符的字符串,按字符 ASCII 码值降序排列。

    例如:原来的字符串为 CEAedcab,排序后输出为 edcbaECA。

5. 功能:编写函数 void fun(char s[],char c)从字符串 s 中删除指定的字符 c。

6. 功能:编写函数 void fun(char str[],int i,int n),从字符串 str 中删除第 i 个字符开始的连续 n 个字符(注意:str[0]代表字符串的第一个字符)。

7. 功能:编写函数 void count(char c[])分别统计字符串 c 中字母、数字、空格和其他字符出现的次数(字符长度小于 80)。

8. 功能:编写函数 int fun(char *str,char *substr),统计一个长度为 2 的字符串 substr 在另一个字符串 str 中出现的次数。

    例如:假定 str 字符串为:asdasasdfgasdaszx67asdmklo,substr 字符串为:as,则应输出 6。

9. 功能:编写函数 void fun(char s[])将一个由四个数字组成的字符串转换为每两个数字间有一个空格的形式输出。

    例如:输入"4567",应输出"4□5□6□7"(□表示空格)。

10. 功能:编写函数 long fun (char *p),将一个数字字符串转换为一个整数(不得调用 C 语言提供的将字符串转换为整数的函数)。

    例如:若输入字符串" -1234",则函数把它转换为整数值 -1234。

11. 功能:编写函数 void fun(char *s,char t[]),将 s 所指字符串中除了下标为奇数、同时 ASCII 值也为奇数的字符之外,其余的所有字符都删除,串中剩余字符所形成的一个新串放在 t 所指的数组中。

    例如:若 s 所指字符串中的内容为:"ABCDEFG12345",其中字符 A 的 ASCII 码值虽为奇数,但所在元素的下标为偶数,因此必需删除;而字符 1 的 ASCII 码值为奇数,所在数组中的下标也为奇数,因此不应当删除,其他依此类推。最后 t 所指的数组中的内容应是:"135"。

12. 功能:编写函数 void fun(char ∗a),除了字符串前导的 ∗ 号之外,将串中其他 ∗
    号全部删除。假定输入的字符串中只包含字母和 ∗ 号。在编写函数时,不得使
    用 C 语言提供的字符串函数。

    例如:字符串中的内容为:∗∗∗∗A∗BC∗DEF∗G∗∗∗∗∗∗,删除后,字符串中
    的内容应当是:∗∗∗∗ABCDEFG。

13. 功能:请编写函数 void fun(char a[M][N], char ∗b),将放在字符串数组中
    的 M 个字符串(每串的长度不超过 N),按顺序合并组成一个新的字符串,放在 b
    指向的数组中。

    例如:字符串数组中的 M 个字符串为:AAAA BBBBBBB CC
    则合并后的字符串的内容应是:AAAABBBBBBBCC。

14. 功能:请编写函数 int fun(char ∗s),统计一行字符串中单词的个数作为函数
    值返回。规定所有单词由小写字母组成,单词之间由若干个空格隔开,一行的开
    始没有空格。

15. 功能:编写函数 int fun(char ∗ptr)过滤串,即只保留串中的字母字符,并统计新
    生成串中包含的字母个数作为函数的返回值。

16. 功能:编写一个函数 void fun(char(∗a)[81],int num,char ∗∗max),从传入的
    num 个字符串找出最长的一个字符串,并通过形参指针 max 传回该串地址。

第十一章　构造数据类型

一、单项选择

1. 以下所列对结构类型变量 td1 的声明中错误的是　　　　　　　　　　　（　　）

   A. typedef struct aa
      { int n; float m; }AA;
      AA td1;

   B. #define AA struct aa
      AA{ int n; float m; } td1;

   C. struct
      { int n; float m; } aa;
      struct aa td1;

   D. struct
      { int n; float m; } td1;

2. 相同结构体类型的变量之间,可以　　　　　　　　　　　　　　　　　（　　）

   A. 比较大小　　　　　B. 地址相同　　　　　C. 赋值　　　　　D. 相加

3. 若有定义:

   struct tp

   { float a;

      char class;

   }stu;

   则对成员 class 的正确引用是　　　　　　　　　　　　　　　　　　　（　　）

   A. stu – > class　　　B. stu. class　　　C. stu > class　　　D. stu * class

4. 设有以下说明语句

   struct ex

   { int x; float y; char z;} example;

   则下面的叙述中不正确的是　　　　　　　　　　　　　　　　　　　　（　　）

   A. struct 结构体类型的关键字　　　　　　　B. example 是结构体类型名

   C. x,y,z 都是结构体成员名　　　　　　　　D. struct ex 是结构体类型

5. 当说明一个结构体变量时系统分配给它的内存是　　　　　　　　　　　（　　）

   A. 成员中占内存量最大者所需的容量　　　B. 结构中最后一个成员所需内存量

   C. 结构中第一个成员所需内存量　　　　　D. 各成员所需内存量的总和

6. 结构体类型的定义允许嵌套是指　　　　　　　　　　　　　　　(　　)

　　A. 定义多个结构体类型　　　　　　B. 成员可以重名

　　C. 结构体类型可以派生　　　　　　D. 成员是已经或正在定义的结构体类型

7. 以下程序的输出结果是　　　　　　　　　　　　　　　　　　　(　　)

```
main()
{ struct cmplx
    { int x,y;
    }cnum[2]={1,3,2,7};
    printf("%d\n", cnum[0].y / cnum[0].x * cnum[1].x);
}
```

　　A. 0　　　　　　B. 3　　　　　　C. 6　　　　　　D. 1

8. 根据以下定义,能输出字母 M 的语句是(　　　)

```
struct person
{ char name[9];
  Int age;
};
struct person class[4]={{"John",17},{"Paul",19},{"Mary",
18},{"Adam",16}};
```

　　A. printf("%c\n",class[3].name[1]);

　　B. printf("%c\n",class[2].name[0]);

　　C. printf("%c\n",class[2].name[1]);

　　D. printf("%c\n",class[3].name);

9. 设有结构定义及变量声明如下:

```
struct produce
{ char code[5];
  float price;
}y[4]={"100",100};
```

　　以下表达式中错误的是　　　　　　　　　　　　　　　　　　　(　　)

　　A. (*y).code[0]='2';　　　　　　　　B. y[0].code[0]='2';

　　C. y->price=100;　　　　　　　　　　D. (*y)->price=100;

10. 若 main 函数中有以下定义、声明和语句:

　　struct test

```
{  int a;
    char *b;
};
char str1[] = "United states of American",str2[] = "England";
struct test x[2], *p = x;
x[0].a = 300;x[0].b = str1;
x[1].a = 400;x[1].b = str2;
```

则不能输出字符串"England"的语句是   (   )

A. puts(x[1].b);   B. puts((x + 1)->b);

C. puts((++x)->b);   D. puts((++p)->b);

11. 有以下程序：

```
struct s
{  int x;
    int y;
}data[2] = {10,100,20,200};
main()
{  struct s *p = data;
    printf("%d\n",++(p->x));
}
```

程序运行后的输出结果是   (   )

A. 10   B. 11   C. 20   D. 21

12. 已知有如下的结构类型定义和变量声明：

```
struct student
{  int num;
    char name[10];
}stu = {1,"marry"}, *p = &stu;
```

则下列语句中错误的是   (   )

A. printf("%d",stu.num);   B. printf("%d",(&stu)->num);

C. printf("%d",&stu->num);   D. printf("%d",p->num);

13. 有以下说明和定义语句   (   )

```
struct student
{  int age;
    char num[8];
```

```
};
struct student stu [3 ] = {{20,"20041 "}, {21,"20042 "},{19,"
20043"}};
struct student *p = stu;
```

以下选项中引用结构体变量成员的表达式错误的是

A.（*p).num　　　　B.（p++)->num　　C. stu[3].age　　　　D. p->numg

14. 以下程序运行后的输出结果是　　　　　　　　　　　　　　　　　（　　）

```
struct  STU
{ char  name[10];
  int  num;
  int  score;
};
main()
{ struct STU  s [5] = {{"YangSan", 20041,703 }, {"LiSiGuo",
20042,580},{"WangYin",20043,680},{"SunDan", 20044,550}, {"
Penghua",20045,537}}, *p[5], *t;
    int  i, j;
    for(i =0; i < 5; i ++)  p[i] =&s[i];
    for(i =0; i < 4; i ++)
      for(j =i +1; j < 5; j ++)
        if(p[i]-> score > p[j]-> score)
{ t =p[i];  p[i] =p[j]; p[j] =t;  }
    printf("%d %d \n", s[1].score, p[1]->score);
}
```

A. 580 680　　　　　B. 680 680　　　　　C. 580 550　　　　D. 550 580

15. 以下叙述中错误的是　　　　　　　　　　　　　　　　　　　　（　　）

A. 可以用 typedef 将已存在的类型用一个新的名字来代表

B. 可以通过 typedef 增加新的类型

C. 用 typedef 可以为各种类型起别名,但不能为变量起别名

D. 用 typedef 定义新的类型名后,原有类型名仍有效

16. 若要说明一个类型名 STP,使得定义语句 STP s 等价于 char *s,以下选项中正确

的是　　　　　　　　　　　　　　　　　　　　　　　　　　　　（　　）

A. typedef char * STP;　　　　　　　　B. typedef *char STP;

C. typedef stp ＊char;　　　　　　　　D. typedef STP char ＊s;

17. 以下各选项企图说明一种新的类型名,其中正确的是　　　　　　　（　　）

A. typedef v2 ＝int;　　　　　　　　B. typedef v4：int;

C. typedef int v3;　　　　　　　　　D. typedef v1 int;

18. 以下程序运行后,输出结果是　　　　　　　　　　　　　　　　（　　）

```
struct stu
{ int num;
    char name[10];
    int age;
};
void fun(struct stu ＊p)
{ printf("%s\n",(＊p).name); }
main()
{ struct stu students [3] ＝{{9801,"Zhang",20},{9802,"Wang",
19},{9803,"Zhao",18}};
    fun(students +2);
}
```

A. Zhang　　　　　B. Wang　　　　　C. Zhao　　　　　D. 出错

19. 以下程序运行后的输出结果是　　　　　　　　　　　　　　　（　　）

```
struct  STU
{ char  name[10];  int  num; };
void  f1(struct STU c)
{ struct  STU  b ＝{"LiSiGuo",2042};
    c ＝b;
}
void  f2(struct STU  ＊c)
{ struct  STU  b ＝{"SunDan",2044};
    ＊c ＝b;
}
main()
{ struct  STU  a ＝{"YangSan",2041},b ＝{"WangYin",2043};
    f1(a);  f2(&b);
    printf("%d %d\n",a.num,b.num);
```

        }

      A. 2041 2043   B. 2042 2044

      C. 2041 2044   D. 2042 2043

20. C 语言结构体类型变量在程序执行期间   (   )

      A. 部分成员驻留在内存中   B. 只有一个成员驻留在内存中

      C. 所有成员一直驻留在内存中   D. 没有成员驻留在内存中

21. 下面说法中错误的是   (   )

      A. 函数可以返回一个共用体变量

      B. 在任一时刻,共用体变量的各成员只有一个有效

      C. 共用体内的成员可以是结构变量,反之亦然

      D. 共用体变量的地址和它各成员的地址都是同一地址

22. 使用共用体变量,不可以   (   )

      A. 同时访问所有成员   B. 进行动态管理

      C. 简化程序设计   D. 节省存储空间

23. 已知字符 0 的 ASCII 码值的十进制数是 48,且数组的第 0 个元素在低位,以下程序的输出结果是   (   )

```
main()
{ union
   { int  i[2];
     long  k;
     char  c[4];
   }r,  * s =&r;
   s ->i[0]=0x39;
   s -> i[1]=0x38;
   printf("%x\n", s ->c[0]);
}
```

      A. 38   B. 9   C. 39   D. 8

24. 以下对枚举类型名的定义中正确的是   (   )

      A. enum a {"sum","mon","tue"};

      B. enum a = {sum,mon,tue};

      C. enum a = {"sum","mon","tue"};

      D. enum a {sum =9,mon = -1,tue};

25. 在下列程序段中,枚举变量 c1,c2 的值依次是   (   )

```
enum color {red,yellow,blue =4,green,white} c1,c2;
c1 =yellow;c2 =white;
printf("%d,%d\n",c1,c2);
```

　　A. 1,6　　　　　　B. 1,4　　　　　　C. 2,6　　　　　　D. 2,5

26. enum a {sum =9,mon = -1,tue}; 定义了　　　　　　　　　　（　　）

　　A. 枚举变量　　　　　　　　　　B. 整数9和 -1

　　C. 3 个标识符　　　　　　　　　D. 枚举数据类型

27. 设有以下语句

```
struct st
{ int n;
   struct st  *next;
};
struct st a[3] ={5,&a[1],7,&a[2],9,NULL}, *p;
p =&a[0];
```

　　则值为6 的表达式是　　　　　　　　　　　　　　　　　（　　）

　　A. (*p).n ++　　B. p->n ++　　　C.++p->n　　　　D. p++->n

28. 以下程序的输出结果是　　　　　　　　　　　　　　　　（　　）

```
struct  st
{ int  x;
   int  *y;
} *p;
int  dt[4] ={10,20,30,40};
struct st  aa[4] ={ 50, &dt[0], 60, &dt[0], 60, &dt[0], 60, &dt[0]};
main()
{  p =aa;
   printf("%d,",++p-> x);
   printf("%d,", (++p)-> x);
   printf("%d\n",++(*p-> y));
}
```

　　A. 60,70,31　　　B. 50,60,21　　　C. 10,20,20　　　D. 51,60,11

29. 若有 int *p = (int *)malloc(sizeof(int));则能向申请到的内存空间存入整数的
　　语句为　　　　　　　　　　　　　　　　　　　　　　　（　　）

　　A. scanf("%d",p);　　　　　　　　B. scanf("%d",&p);

　　C. scanf("%d", ** p);　　　　　　　　　　D. scanf("%d", * p);

30. 以下程序运行后的输出结果是　　　　　　　　　　　　　　　　　　　（　　）

```
#include <stdio.h>
struct  NODE
{ int  num;
   struct  NODE  *next;  };
main()
{ struct  NODE  *p, *q, *r;
   int  sum = 0;
   p = (struct NODE *)malloc(sizeof(struct NODE));
   q = (struct NODE *)malloc(sizeof(struct NODE));
   r = (struct NODE *)malloc(sizeof(struct NODE));
   p->num =1; q-> num =2; r-> num =3;
   p-> next =q; q-> next =r; r-> next =NULL;
   sum +=q-> next -> num;  sum +=p-> num;
   printf("%d \n", sum);
}
```

　　A. 4　　　　　　　　B. 3　　　　　　　　C. 5　　　　　　　　D. 6

31. 在一个单链表中, 若删除 p 所指结点的直接后继结点, 则执行　　　　（　　）

　　A. q = p-> next; p-> next = q-> next; free(q);

　　B. p = p-> next; p-> next = p-> next -> next;

　　C. p-> next = p-> next;

　　D. p = p-> next -> next;

32. 若已建立下面的链表结构, 指针 p、s 分别指向图中所示结点, 则不能将 s 所指的
　　结点插入到链表末尾的语句组　　　　　　　　　　　　　　　　　　　（　　）

　　A. s-> next = NULL; p = p-> next; p-> next = s;

　　B. p = p-> next; s-> next = p; p-> next = s;

C. p = (* p). next; (* s). next = (* p). next; (* p). next = s;

D. p = p -> next; s -> next = p -> next; p -> next = s;

二、程序填空

1. 下面程序的作用是输入 50 个学生的相关信息。

```
sruct student
{ long   num;
    char  name[20];
}stu[50];
main()
{ int i;
    /********** FILL ********** /
    for(i = 0;_____;i ++ )
      /********** FILL ********** /
      scanf("%ld%s",&stu[i].num,_____);
}
```

2. 题目:利用指向结构的指针编写求某年、某月、某日是第几天的程序,其中年、月、日和年天数用结构表示。

```
#include < stdio.h >
void main()
{
    /********** FILL ********** /
    _____ date
    {
      int y,m,d,n;
      /********** FILL ********** /
    }_____
    int k,f,a[12] = {31,28,31,30,31,30,31,31,30,31,30,31};
    printf("date:y,m,d = ");
    scanf("%d,%d,%d",&x.y,&x.m,&x.d);
    f = x.y% 4 ==0&&x.y% 100! =0 | |x.y% 400 ==0;
    /********** FILL ********** /
    a[1] += _____;
```

```
        if(x.m<1||x.m>12||x.d<1||x.d>a[x.m-1])exit(0);
        for(x.n=x.d,k=0;k<x.m-1;k++)
            x.n+=a[k];
        /***********FILL***********/
        printf("n=%d\n",_____);
    }
```

3. 程序通过定义学生结构体变量,存储了学生的学号、姓名和3门课的成绩。函数fun 的功能是将形参 a 所指结构体变量 s 中的数据进行修改,并把 a 中地址作为函数值返回主函数,在主函数中输出修改后的数据。

   例如:a 所指变量 s 中的学号、姓名和三门课的成绩依次是:10001、" ZhangSan "、95、80、88,修改后输出 t 中的数据应为:10002、"LiSi "、96、81、89。

```
#include <stdio.h>
#include <string.h>
struct student
{
    long sno;
    char name[10];
    float score[3];
};
/**********FILL**********/
_____ fun(struct student *a)
{   int i;
    a->sno=10002;
    strcpy(a->name, "LiSi");
    /**********FILL**********/
    for (i=0; i<3; i++) _____ +=1;
    /**********FILL**********/
    return _____;
}
main()
{   struct student s={10001,"ZhangSan", 95, 80, 88}, *t;
    int i;
    printf("\n\nThe original data :\n");
```

```
      printf("\nNo:% ld Name:%s \nScores: ",s.sno, s.name);

      for (i=0; i<3; i++) printf("% 6.2f ", s.score[i]);

      printf("\n");

      t=fun(&s);

      printf("\nThe data after modified :\n");

      printf("\nNo:% ld Name:%s \nScores: ",t->sno, t->name);

      for (i=0; i<3; i++) printf("% 6.2f ", t->score[i]);

      printf("\n");

}
```

4. 人员的记录由编号和出生年、月、日组成,N 名人员的数据已在主函数中存入结构体数组 std 中,且编号唯一。函数 fun 的功能是:找出指定编号人员的数据,作为函数值返回,由主函数输出,若指定编号不存在,返回数据中的编号为空串。

```
#include <stdio.h>

#include <string.h>

#define N 8

typedef struct

{  char num[10];

   int year,month,day;

}STU;


/********** FILL ********** /

_____ fun(STU * std, char * num)

{  int i; STU a={"",9999,99,99};

   for (i=0; i<N; i++)

   /********** FILL ********** /

       if(strcmp(_____,num)==0)

   /********** FILL ********** /

   return (_____);

   return a;

}

main()

{  STU std[N]={ {"111111",1984,2,15},{"222222", 1983,9,21},

{"333333",1984,9,1},{"444444",1983,7,15},{"555555",1984,9,28},
```

```
{"666666",1983,11,15},{"777777",1983,6,22},{"888888",1984,8,
19}};
    STU p; char n[10]="666666";
    p=fun(std,n);
    if(p.num[0]==0)  printf("\nNot found !\n");
    else
    {  printf("\nSucceed !\n ");
        printf("%s %d-%d-%d\n",p.num,p.year, p.month,p.day);
    }
}
```

5. 以下程序按结构成员 grade 的值从大到小对结构数组 pu 的全部元素进行排序,并
输出经过排序后的 pu 数组全部元素的值. 排序算法为选择法.

```
#include <stdio.h>
/**********FILL**********/
_____struct
{  int id;
    int grade;
}STUD;
void main
{  STUD pu[10]={{1,4},{2,9},{3,1},{4,5},{5,3},{6,2},{7,8},{8,6},
{9,5},{10,2}},*temp;
    int i,j,k;
    for(i=0;i<9;i++)
    {  /**********FILL**********/
        k=_____;
        for(j=i+1;j<10;j++)
        /**********FILL**********/
        if(_____)  k=j;
        if(k!=i)
            {  temp=pu[i]; pu[i]=pu[k];pu[k]=temp;}
    }
    for(i=0;i<10;i++)
        printf("\n% 2d:%d",pu[i].id,pu[i].grade);
```

```
    printf("\n");
  }
```

6. 给定程序的主函数中,已给出由结构体构成的链表结点 a、b、c,各结点的数据域中均存入字符,函数 fun() 的作用是:将 a、b、c 三个结点连接成一个单向链表,并输出链表结点中的数据。

```
#include <stdio.h>
typedef struct list
{ char data;
  struct list *next;
} Q;
void fun(Q *pa, Q *pb, Q *pc)
{ Q *p;
  /********** FILL ********** /
  pa->next = _____;
  pb->next = pc;
  p = pa;
  while(p)
  {  /********** FILL ********** /
    printf(" %c",_____);
    /********** FILL ********** /
    p = _____;
  }
  printf("\n");
}
main()
{ Q a, b, c;
  a.data = 'E'; b.data = 'F'; c.data = 'G'; c.next = NULL;
  fun(&a, &b, &c);
}
```

7. 给定程序中,函数 fun 的功能是将不带头结点的单向链表逆置。即若原链表中从头至尾结点数据域依次为:2、4、6、8、10,逆置后,从头至尾结点数据域依次为:10、8、6、4、2。

```
#include <stdio.h>
```

```c
#include <stdlib.h>
#define N 5
typedef struct node
{
    int data;
    struct node *next;
} NODE;
/**********FILL**********/
_____ fun(NODE *h)
{   NODE *p, *q, *r;
    p = h;
    if (p == NULL)    return NULL;
    q = p->next;  p->next = NULL;
    while (q)
    {
        /**********FILL**********/
        r = q->_____;
        q->next = p;
        p = q;
        /**********FILL**********/
        q = _____;
    }
    return p;
}
NODE *creatlist(int a[])
{   NODE *h, *p, *q; int i;
    h = NULL;
    for (i = 0; i < N; i++)
    {   q = (NODE *)malloc(sizeof(NODE));
        q->data = a[i];  q->next = NULL;
        if (h == NULL) h = p = q;
        else {p->next = q; p = q;}
    }
```

```
        return h;
    }
    void outlist(NODE *h)
    {  NODE *p=h;
        if (p==NULL) printf("The list is NULL!\n");
        else { printf("\nHead ");
            do{printf("->%d", p->data); p=p->next;}
            while(p!=NULL);
            printf("->End\n");
        }
    }
    main()
    {  NODE *head;
        int a[N]={2,4,6,8,10};
        head=creatlist(a);
        printf("\nThe original list:\n"); outlist(head);
        head=fun(head);
        printf("\nThe list after inverting :\n"); outlist(head);
    }
```

8. 给定程序中,函数 fun 的功能是:在带有头结点的单向链表中,查找数据域中值为 ch 的结点。找到后通过函数值返回该结点在链表中所处的顺序号;若不存在值为 ch 的结点,函数返回 0 值。

```
#include <stdio.h>
#include <stdlib.h>
#define N 8
typedef struct list
{int data;
  struct list *next;
} SLIST;
SLIST *creatlist(char *);
int fun(SLIST *h, char ch)
{SLIST *p; int n=0;
  p=h->next;
```

```
/ ********** FILL ********** /
    while(p! = _____)
    {    n++;
/ ********** FILL ********** /
        if (p -> data == ch) return _____;
        else p = p -> next;
    }
    return 0;
}
main()
{   SLIST * head; int k; char ch;
    char a [N] = {'m','p','g','a','w','x','r','d'};
    head = creatlist (a);
    printf("Enter a letter:"); scanf("%c",&ch);
    / ********** FILL ********** /
    k = fun (_____);
    if (k == 0) printf("\nNot found!\n");
    else printf("The sequence number is : %d \n",k);
}
SLIST * creatlist (char * a)
{SLIST * h, * p, * q; int i;
    h = p = (SLIST  * )malloc(sizeof(SLIST));
    for(i = 0; i < N; i ++)
    {   q = (SLIST  * )malloc(sizeof(SLIST));
        q -> data = a[i]; p -> next = q; _____;
    }
    _____;
    return h;
}
```

三、程序改错

1. 给定程序中函数 fun 的功能是:从 n(形参)个学生的成绩中统计出低于平均分的
   学生人数,此人数由函数值返回,平均分存放在形参 aver 所指的存储单元中。

例如,若输入 8 名学生的成绩:80.5　60　72　90.5　98　51.5　88　64

则低于平均分的学生人数为:4(平均分为:75.5625)。

```c
#include <stdio.h>
#define N 20
int fun (float *s, int n, float *aver)
{  float ave, t =0.0;
   int count =0, k, i;
   for(k =0; k < n; k ++)
   /********** ERROR **********/
       t = s[k];
   ave = t / n;
   for (i =0; i < n; i ++)
       if (s[i] < ave) count ++;
   /********** ERROR **********/
   * aver = Ave;
   return count;
}
main()
{  float s[30], aver;
   int m, i;
   printf ("\nPlease enter m: "); scanf ("%d", &m);
   printf ("\nPlease enter %d mark :\n ", m);
   for(i =0; i <m; i ++) scanf ("%f", s +i);
   printf("\nThe number of students : %d \n", fun (s, m, &aver));
   printf("Ave = %f \n", aver);
}
```

2. 给定程序中函数 fun 的功能是:对 N 名学生的学习成绩,按从高到低的顺序找出前 m(m≤10)名学生来,并将这些学生数据存放在一个动态分配的连续存储区中,此存储区的首地址作为函数值返回。

```c
#include <stdio.h>
#include <stdlib.h>
#include <string.h>
#define N 10
typedef struct ss
```

```
{char num[10];
   int s;
} STU;
STU *fun(STU a[], int m)
{   STU b[N], *t;
   int i,j,k;
   /********** ERROR ********** /
   t =malloc(sizeof(STU) *m)
   for(i =0; i <N; i ++) b[i] =a[i];
   for(k =0; k <m; k ++)
       {for(i =j =0; i <N; i ++)
         if(b[i].s > b[j].s) j =i;
/********** ERROR ********** /
         t(k) =b(j);
         b[j].s =0;
       }
       return t;
}
main()
{STU a[N] = { {"A01",81},{"A02",89},{"A03",66}, {"A04",87},{"A05",
77},{"A06",90},{"A07",79},{"A08",61},{"A09",80},{"A10",71} };
   STU *pOrder;
   int i, m;
   printf("\nGive the number of the students: ");
   scanf("%d",&m);
   while(m >10)
   {printf("\nGive the number of the students: ");
     scanf("%d",&m);
   }
   pOrder = fun(a,m);
   printf("***** THE RESULT ***** \n");
   printf("The top :\n");
   for(i =0; i <m; i ++)
```

```
        printf(" %s   %d\n",pOrder[i].num, pOrder[i].s);
    free(pOrder);
}
```

3. 给定函数 fun 的功能是将单向链表结点(不包括头结点)数据域为偶数的值累加起来,并且作为函数值返回。

```
#include <stdio.h>
#include <stdlib.h>
typedef struct aa
{  int data; struct aa *next;}NODE;
int fun(NODE *h)
{  int sum = 0;
    NODE *p;
    /********** ERROR ********** /
    p = h;
    while(p)
    {  if(p->data% 2 ==0)  sum += p->data;
        /********** ERROR ********** /
        p = h->next;
    }
    return sum;
}
```

4. 给定程序中的函数 Creatlink 的功能是创建带头结点的单向链表,并为各结点数据域赋 0 到 m-1 的值。

```
#include <stdio.h>
#include <stdlib.h>
typedef struct aa
{  int data;
    struct aa *next;
} NODE;
NODE *Creatlink(int n, int m)
{  NODE *h = NULL, *p, *s;
    int i;
    /********** ERROR ********** /
```

```
    p = (NODE)malloc(sizeof(NODE));
    h = p;
    p -> next = NULL;
    for(i = 1; i <= n; i ++)
    {  s  = (NODE * )malloc(sizeof(NODE));
       s -> data = rand()% m; s -> next = p -> next;
       p -> next = s; p = p -> next;
    }
    /********** ERROR **********/
    return p;
}
outlink(NODE * h)
{  NODE * p;
    /********** ERROR **********/
    p = h;
    printf("\n \nTHE LIST :\n \n HEAD ");
    while(p)
    {  printf("-> %d ",p -> data);
       /********** ERROR **********/
       p = p + 1;
    }
    printf("\n");
}
main()
{  NODE * head;
    head = Creatlink(8 ,22);
    outlink(head);
}
```

四、程序设计

1. 功能:a 所指向的数组中有 N 名学生的数据,请编写函数 int fun(STREC * a,
   STREC * b),把 a 数组中分数最高的学生数据放在 b 所指的数组中。分数最高的
   学生可能不止一个,函数返回分数最高的学生人数。

注意:学生的记录由学号和成绩组成,结构体类型定义如下:

```
typedef struct
{  char num[10];
   int s;
} STREC;
```

2. 功能:a 所指的数组中有 N 名学生的数据,请编写函数 double fun(STREC ∗ a, STREC ∗ b,int ∗ n),把低于平均分的学生数据放在 b 所指的数组中,低于平均分的学生人数通过形参 n 传回,平均分通过函数值返回。

注意:学生的记录由学号和成绩组成,结构体类型定义如下:

```
typedef struct
{  char num[10];
   double s;
} STREC;
```

3. 功能:a 所指的数组中有 N 名学生的数据,请编写函数 STREC fun(STREC ∗ a, char ∗ b),函数返回指定学号的学生数据,指定的学号由 b 指向。若没找到指定学号,则将 a 指向的数组中下标为 0 的元素学号置空串,成绩置 - 1,并作为函数值返回。

注意:学生的记录由学号和成绩组成,结构体类型定义如下:

```
typedef struct
{  char num[10];
   int s;
} STREC;
```

4. 功能:a 所指的数组中有 N 名学生的数据,请编写函数 void fun(STREC a[ ]),按分数从高到低排列学生的记录。

注意:学生的记录由学号和成绩组成,结构体类型定义如下:

```
typedef struct
{  char num[10];
   int s;
} STREC;
```

5. 功能:N 名学生的成绩已在主函数中放入一个带头节点的链表结构中,h 指向链表的头节点。请编写子函数 double fun(STREC ∗ h),找出学生的最高分,由函数值返回。

注意:链表的节点类型定义如下:

```
struct slist
{  double s;
   struct slist *next;
};
typedef struct slist STREC;
```

6. 功能:N 名学生的成绩已在主函数中放入一个带头节点的链表结构中,h 指向链表的头节点。请编写函数 double fun(STREC * h),它的功能是:求出平均分,由函数值返回。

例如,若学生的成绩是:85,76,69,85,91,72,64,87;则平均分应当是:78.625。

注意:链表的节点类型定义如下:

```
struct slist
{  double s;
   struct slist *next;
};
typedef struct slist STREC;
```

第十二章　文　件

一、单项选择

1. 下列关于 C 语言数据文件的叙述中正确的是　　　　　　　　　　　　（　　）

A. 文件由 ASCII 码字符序列组成,C 语言只能读写文本文件

B. 文件由二进制数据序列组成,C 语言只能读写二进制文件

C. 文件由记录序列组成,可按数据的存放形式分为二进制文件和文本文件

D. 文件由数据流形式组成,可按数据的存放形式分为二进制文件和文本文件

2. C 语言中的文件类型只有　　　　　　　　　　　　　　　　　　　（　　）

A. ASCII 文件和二进制文件两种　　　　B. 二进制文件一种

C. 文本文件一种　　　　　　　　　　　D. 索引文件和文本文件两种

3. C 语言中,文件由　　　　　　　　　　　　　　　　　　　　　　（　　）

A. 记录组成　　　　　　　　　　　　　B. 由字符(字节)序列组成

C. 由数据块组成　　　　　　　　　　　D. 由数据行组成

4. 若要打开 A 盘上 user 子目录下名为 abc. txt 的文本文件进行读、写操作,下面符合此要求的函数调用是　　　　　　　　　　　　　　　　　　　　　　（　　）

A. fopen("A:\user \abc.txt","rb")

B. fopen("A:\user \abc.txt","r")

C. fopen("A:\\user \\abc.txt","w")

D. fopen("A:\\user \\abc.txt","r +")

5. 当已存在一个 t. txt 文件时,执行函数 fopen("t. txt","r +")的功能是　　（　　）

A. 打开 t. txt 文件,清除原有内容

B. 打开 t. txt 文件,只能写入新的内容

C. 打开 t. txt 文件,只能读取原有的内容

D. 打开 t. txt 文件,可以读取和写入新的内容

6. 已知有语句"FILE ＊ fp; int x = 123; fp = fopen("out. dat","w");",如果需要将变量 x 的值以文本形式保存到一个磁盘文件 out. dat 中,则以下函数调用形式中,正确的是　　　　　　　　　　　　　　　　　　　　　　　　　　　（　　）

A. fprintf("%d",x);　　　　　　　　　B. fprintf(fp,"%d",x);

　　　　C. fprintf("%d",x,fp);　　　　　　　　D. fprintf("out.dat","%d",x);

7. 已知 A 盘根目录下的一个文本数据文件 data.dat 中存储了 100 个 int 型数据,若需
   要修改该文件中已经存在的若干个数据的值,只能调用一次 fopen 函数,已有声明
   语句"FILE * fp;",则 fopen 函数的正确调用形式是　　　　　　　　　(　　　)

   A. fp = fopen("a:\\data.dat","r + ");

   B. fp = fopen("a:\\data.dat","w + ");

   C. fp = fopen("a:\\data.dat","a + ");

   D. fp = fopen("a:\\data.dat","w");

8. 若要求数据文件 myf.dat 被程序打开后,文件中原有的数据均被删除,程序写入此
   文件的数据可以在不关闭文件的情况下被再次读出,则调用 fopen 函数时的形式
   为"fopen("myf.dat","(　　　)");"。

   A. w　　　　　　　　B. w +　　　　　　　　C. a +　　　　　　　　D. r

9. 有如下程序

```
#include < stdio.h >
main()
{ FILE  * fp1;
  fp1 = fopen("f1.txt", "w");
  fprintf(fp1, "abc");
  fclose(fp1);
}
```

　　　若文本文件 f1.txt 中原有内容为 good,则运行以上程序后文件 f1.txt 中的内容为

　　　　　　　　　　　　　　　　　　　　　　　　　　　　　　　　　　　(　　　)

　　　　A. abc　　　　　　　　B. abcd　　　　　　　C. goodabc　　　　　D. abcgood

10. 若执行 fopen 函数时发生错误,则函数的返回值是　　　　　　　　　(　　　)

　　　A. 地址值　　　　　　B. 1　　　　　　　　C. EOF　　　　　　　D. 0

11. 应用缓冲文件系统对文件进行读写操作,关闭文件的函数名为　　　　(　　　)

　　　A. fwrite　　　　　　B. close( )　　　　　C. fread( )　　　　　D. fclose( )

12. 当顺利执行了文件关闭操作时,fclose 函数的返回值是　　　　　　　(　　　)

　　　A. TRUE　　　　　　B. 1　　　　　　　　C. − 1　　　　　　　D. 0

13. fgets(str,n,fp) 函数从文件中读入一个字符串,以下正确的叙述是　　(　　　)

　　　A. 字符串读入后不会自动加入 '\0'

　　　B. fgets 函数将从文件中最多读入 n 个字符

　　　C. fp 是 file 类型的指针

D. fgets 函数将从文件中最多读入 n - 1 个字符

14. 在 C 程序中,可把整型数以二进制形式存放到文件中的函数是　　　　　（　　）

　　A. fread 函数　　　　B. fprintf 函数　　　C. fputc 函数　　　D. fwrite 函数

15. 若调用 fputc 函数输出字符成功,则其返回值是　　　　　　　　　　（　　）

　　A. 1　　　　　　　B. EOF　　　　　　C. 0　　　　　　D. 输出的字符

16. 以下叙述中错误的是　　　　　　　　　　　　　　　　　　　　　（　　）

　　A. 二进制文件打开后可以先读文件的末尾,而顺序文件不可以

　　B. 在利用 fread 函数从二进制文件中读数据时,可以用数组名给数组中所有元
　　　 素读入数据

　　C. 不可以用 FILE 定义指向二进制文件的文件指针

　　D. 在程序结束时,应当用 fclose 函数关闭已打开的文件

17. 已知函数的调用形式:fread(buffer,size,count,fp);其中 buffer 代表的是　（　　）

　　A. 一个文件指针,指向要读的文件

　　B. 一个存储区,存放要读的数据项

　　C. 一个整数,代表要读入的数据项总数

　　D. 一个指针,指向要读入数据的存放地址

18. 以下叙述中不正确的是　　　　　　　　　　　　　　　　　　　（　　）

　　A. C 语言中,随机读写方式不适用于文本文件

　　B. C 语言中对二进制文件的访问速度比文本文件快

　　C. C 语言中,顺序读写方式不适用于二进制文件

　　D. C 语言中的文本文件以 ASC Ⅱ 码形式存储数据

19. C 语言中的文件的存储方式有　　　　　　　　　　　　　　　　（　　）

　　A. 只能顺序存取　　　　　　　　B. 可以顺序存取,也可随机存取

　　C. 只能从文件的开头进行存取　　D. 只能随机存取(或直接存取)

20. 以下程序运行后的输出结果是　　　　　　　　　　　　　　　　（　　）

```
#include <stdio.h>
main()
{ FILE  *fp; int i, k = 0, n = 0;
  fp = fopen("d1.dat", "w");
  for(i = 1; i < 4; i++)  fprintf(fp, "%d", i);
  fclose(fp);
  fp = fopen("d1.dat", "r");
  fscanf(fp, "%d%d", &k, &n);  printf("%d%d\n", k, n);
```

```
        fclose(fp);
    }
```

A. 1 23　　　　　　B. 0 0　　　　　　C. 123 0　　　　　D. 1 2

21. 库函数 fgets(p1,1,p2)的功能是　　　　　　　　　　　　　　　　　（　　）

　　A. 从 p1 指向的文件中读一个字符串,存入 p2 指向的内存

　　B. 从 p1 指向的内存中读一个字符串,存入 p2 指向的文件

　　C. 从 p2 指向的内存中读一个字符串,存入 p1 指向的文件

　　D. 从 p2 指向的文件中读一个字符串,存入 p1 指向的内存

22. fwrite 函数的一般调用形式是　　　　　　　　　　　　　　　　　　（　　）

　　A. fwrite(buffer,count,size,fp);

　　B. fwrite(fp,count,size,buffer);

　　C. fwrite(buffer,size,count,fp);

　　D. fwrite(fp,size,count,buffer);

23. 有以下程序(提示:程序中 fseek(fp, -2L * sizeof(int), SEEK_END);语句的作用是使位置指针从文件末尾向前移 2 * sizeof(int)字节)

```
#include <stdio.h>
main()
{   FILE  *fp;  int  i,a[4]={1,2,3,4},b;
    fp=fopen("data.dat", "wb");
    for(i=0;i<4;i++) fwrite(&a[i],sizeof(int),1,fp);
    fclose(fp);
    fp=fopen("data.dat", "rb");
    fseek(fp, -2L * sizeof(int), SEEK_END);
    fread(&b,sizeof(int),1,fp);
    fclose(fp);
}
```

　　执行后输出结果是　　　　　　　　　　　　　　　　　　　　　　　（　　）

A. 3　　　　　　　B. 4　　　　　　　C. 1　　　　　　　D. 2

24. 函数调用语句:fseek(fp, -20L,2);的含义是　　　　　　　　　　　　（　　）

　　A. 将文件位置指针移到距离文件头 20 个字节

　　B. 将文件位置指针从当前位置向后移动 20 个字节

　　C. 将文件位置指针从文件末尾处退后 20 个字节

　　D. 将文件位置指针移到离当前位置 20 个字节处

25. 以下不能将文件指针移到文件开头的函数是 （　　）

    A. rewind(fp);

    B. fseek(fp,0,SEEK_SET);

    C. fseek(fp, -(long)ftell(fp),SEEK_CUR);

    D. fseek(fp,0,SEEK_END);

26. 若 fp 为文件指针,且文件已经正确打开,以下语句的输出结果为 （　　）

```
fseek(fp,0,SEEK_END);
n = ftell(fp);
printf("n = %d \n",n);
```

    A. fp 所指文件的长度,以字节为单位

    B. fp 所指文件的当前位置,以比特为单位

    C. fp 所指文件的长度,以比特为单位

    D. fp 所指文件的绝对位置,以字节为单位

27. 函数 ftell(fp) 的作用是 （　　）

    A. 以下答案均正确   B. 初始化流式文件的位置指针

    C. 得到流式文件中的当前位置   D. 移到流式文件的位置指针

28. 若 fp 已正确定义并指向某个文件,当未遇到该文件结束标志时函数 feof(fp) 的值为 （　　）

    A. 一个非 0 值   B. -1   C. 1   D. 0

二、程序填空

1.
```
# include < stdio.h >
# include < stdlib.h >
void main()
{
    /************FILL***********/
    _____ *fp; /* 定义一个文件指针 fp */
    /************FILL***********/
    _____ filename[10];
    printf("Please input the name of file: ");
    scanf("%s", filename);  /* 输入字符串并赋给变量 filename */
    /* 以读的使用方式打开文件 filename */
    /************FILL***********/
```

```
if((fp = fopen(filename, "_____")) == NULL)
{
    printf("Cannot open the file.\n");
    exit(0);    /* 正常跳出程序 */
}
/*********** FILL *********** /
_____    /* 关闭文件 */
}
```

2. 功能:从键盘上输入一个字符串, 将该字符串升序排列后输出到文件 test. txt 中, 然后从该文件读出字符串并显示出来。

```
#include < stdio.h >
#include < string.h >
#include < stdlib.h >
main()
{
    FILE  * fp;
    char t,str[100],str1[100];    int n,i,j;
    if((fp = fopen("test.txt","w")) == NULL)
    {
        printf("can't open this file.\n");
        exit(0);
    }
    printf("input a string:\n"); gets(str);
    /********** FILL ********** /
    _____
    /********** FILL ********** /
    for(i = 0; _____ ;i ++)
      for(j = 0;j < n - i - 1;j ++)
      /********** FILL ********** /
      if(_____)
      {
        t = str[j];
        str[j] = str[j+1];
```

```
        str[j+1]=t;
    }
/**********FILL**********/
_____
    fclose(fp);
    fp=fopen("test.txt","r");
    fgets(str1,100,fp);
    printf("%s\n",str1);
    fclose(fp);
}
```

3. 给定程序的功能是：调用函数 fun 将指定源文件中的内容复制到指定的目标文件中，复制成功时函数返回值是 1，失败时返回值为 0。在复制的过程中，把复制的内容输出到终端屏幕。主函数中源文件名放在变量 sfname 中，目标文件名放在变量 tfname 中。

```
#include <stdio.h>
#include <stdlib.h>
int fun(char  *source, char  *target)
{  FILE  *fs,*ft;     char  ch;
    /**********FILL**********/
    if((fs=fopen(source,_____))==NULL)
        return 0;
    if((ft=fopen(target, "w"))==NULL)
        return 0;
    printf("\nThe data in file :\n");
    ch=fgetc(fs);
    /**********FILL**********/
    while(!feof(_____))
    {  putchar(ch);
        /**********FILL**********/
        fputc(ch,_____);
        ch=fgetc(fs);
    }
    fclose(fs);  fclose(ft);
```

```
        printf("\n\n");
        return  1;
    }
main()
{   char   sfname[20]="myfile1",tfname[20]="myfile2";
    FILE   *myf;  int  i;  char  c;
    myf=fopen(sfname,"w");
    printf("\nThe original data :\n");
    for(i=1; i<30; i++)
    {   c='A'+rand()%25;
        fprintf(myf,"%c",c); printf("%c",c); }
    }
    fclose(myf);
    printf("\n\n");
    if (fun(sfname, tfname))  printf("Succeed!");
    else  printf("Fail!");
}
```

第三部分

实验指导

实验 1 初级程序设计

一、实验目的

（1）熟悉 Visual C++ 集成环境，进行编辑、保存、编译、连接及运行，并能进行简单程序调试；

（2）掌握 C 语言中各种运算符的使用；

（3）掌握 C 语言中各种数据类型的区别与应用；

（4）熟练掌握 C 语言中变量的定义、赋值和使用，表达式语句、输入／输出语句的使用；

（5）掌握 C 语言中输入／输出函数的使用；

（6）掌握 C 语言中控制语句的使用，含 if-else、for、while、do-while 语句的使用。

二、实验要求

（1）调试程序要求记录调试过程中出现的问题及解决办法；

（2）编写程序要规范、正确，上机调试过程和结果要有记录，并注意调试程序集成环境的掌握及应用，不断积累编程及调试经验；

（3）做完实验后撰写本实验的实验报告。

三、实验设备、环境

奔腾以上计算机，装有 windows XP 以上版本操作系统和 Visual C++6.0 软件。

四、实验步骤及内容

（一）教师演示讲解 Visual C++ 环境的使用

重点讲解 Visual C++ 编译环境怎样编辑 C 源程序，以及对源程序的编译、连接、运行、保存等操作。

（二）让学生调试程序和编写程序

1. 程序调试

```
(1) #include <stdio.h>
    main()
```

```
    {  int s,t,p,sum;
       scanf("%d%d%d",&s,&t,&p);
       sum = s + t + p;
       printf("sum = %d \n",sum);
    }
```

(2)
```
#include <stdio.h>
main()
{  int k = 3;
   if(k = 3)  printf(" *** ");
   else  printf("###");
}
```

(3)
```
#include <stdio.h>
main()
{  int k = 0;
   do
   {  printf("k = %d \n",k);
      } while(k ++ > 0);
}
```

2. 程序改错

下面是判断一个学生考试成绩及格与否的程序(成绩 A,或 B,或 C 者为及格;成绩为 D 者不及格),调试并改进如下程序使其能满足上述输出的需要。

```
#include <stdio.h>
main()
{  char mark = "A";
   switch(mark)
   {  case  "A":
      case  "B":
      case  "C": printf(" >=60 \n");
      case  "D": printf(" <60 \n");
      default:  printf("Error \n");
   }
}
```

3. 程序设计

（1）功能：编程实现使一任意实型正数保留 2 位小数，并对第三位进行四舍五入。

例如：实型数为 1234.567，则函数返回 1234.570000；

　　　实型数为 1234.564，则函数返回 1234.560000。

（2）功能：从键盘输入一个大写字母，要求改用小写字母输出。

说明：可分别利用格式化及字符专门的输入输出函数两种方法实现。

（3）功能：编写函数计算下列分段函数的值：

$$f(x) = \begin{cases} x^2 + x + 6 & x < 0 \\ x^2 - 5x + 6 & 0 \le x < 10 \\ x^2 - x - 1 & \text{其他} \end{cases}$$

（4）假设工资税率如下，其中 s 代表工资，r 代表税率：

s < 500	r = 0%
500 <= s < 1000	r = 5%
1000 <= s < 2000	r = 8%
2000 <= s < 3000	r = 10%
3000 <= s	r = 15%

编一程序实现从键盘输入一个工资数，输出实发工资数。要求使用 switch 语句。

（5）功能：功能：计算正整数 n 的所有因子（1 和 n 除外）之和并输出。n 的值由键盘输入。

例如：n = 120 时，输出 239。

（6）功能：计算并输出下列多项式的值 S = 1 + 1/1! + 1/2! + 1/3! + … + 1/n!

例如：键盘给 n 输入 15，则输出为：s = 2.718282。

注意：要求 n 的值大于 1 但不大于 100。

（7）功能：从低位开始取出长整型变量 s 奇数位上的数，依次构成一个新数放在 t 中。

例如：当 s 中的数为：7654321 时，t 中的数为：1357。

五、实验注意事项

1. 赋值号"＝"与关系运算符"＝＝"的区别；

2. if-else 语句中 else 后无条件表达式；

3. while 与 do-while 的区别；

4. 复合语句必须用｛｝括起来。

六、思考题

1. 功能:判断一个三位数是否"水仙花数"。在 main 函数中从键盘输入一个三位数,并输出判断结果。

说明:所谓"水仙花数"是指一 3 位数,其各位数字立方和等于该数本身。

例如:153 是一个水仙花数,因为 $153 = 1 + 125 + 27$。

2. 功能:计算并输出 3 到 n 之间所有素数的平方根之和。

例如:键盘给 n 输入 100 后,输出为:sum = 148.874270。

3. 功能:输出 Fibonacci 数列中大于 s 的最小的一个数。其中 Fibonacci 数列 $F(n)$ 的定义为:

$$F(0) = 0, F(1) = 1 \quad F(n) = F(n-1) + F(n-2)$$

例如:键盘输入 s = 1000 时,输出 1597。

4. 功能:判断整数 x 是否是同构数。若是同构数,输出"是";否则输出"不是"。x 的值由主函数从键盘读入,要求不大于 100。

说明:所谓"同构数"是指这样的数,这个数出现在它的平方数的右边。

例如:输入整数 5,5 的平方数是 25,5 是 25 中右侧的数,所以 5 是同构数。

实验 2　中级程序设计

一、实验目的

(1) 掌握函数的定义、调用及返回、声明的应用；

(2) 熟练掌握一维数组的定义、初始化及使用；

(3) 掌握二维数组的定义、初始化及应用；

(4) 熟练掌握向函数传递一维数组的方法和应用；

(5) 掌握向函数传递一维数组的方法和应用。

二、实验要求

(1) 调试程序要记录调试过程中出现的问题及解决办法；

(2) 编写程序要规范、正确,上机调试过程和结果要有记录,并注意调试程序集成环境的掌握及应用,不断积累编程及调试经验；

(3) 做完实验后撰写本实验的实验报告。

三、实验设备、环境

奔腾以上计算机,装有 windows XP 以上版本操作系统和 Visual C++6.0 软件。

四、实验步骤及内容

1. 程序调试

```
#include <stdio.h>
int func(int a,int b)
{  return(a+b); }
main()
{  int x=3,y=8,z=4,r;
   r=func(func(x,y),z);
   printf("r=%d\n",r);
}
```

2. 程序改错

要求：1. 改错时，只允许修改现有语句中的一部分内容，不允许添加和删除语句。

2. 提示行下一行为错误行。

(1) 功能：判断 m 是否为素数，若是返回 1，否则返回 0。

```c
#include <stdio.h>
/********** FOUND **********/
void   fun( int n)
{
    int i,k =1;
        if(m <=1) k =0;
        /********** FOUND **********/
        for(i =1;i <m;i ++)
        /********** FOUND **********/
        if(m% i =0) k =0;
        /********** FOUND **********/
        return m;
}
void main()
{
    int m,k =0;
    for(m =1;m <100;m ++)
        if(fun(m) ==1)
        {
            printf("%4d",m);k ++;
            if(k%5 ==0) printf("\n");
        }
}
```

(2) 功能：在一个已按升序排列的数组中插入一个数，插入后，数组元素仍按升序排列。

```c
#include <stdio.h>
#define N 11
main()
{  int i,number,a[N] = {1,2,4,6,8,9,12,15,149,156};
```

```
    printf("please enter an integer to insert in the array:\n");
    /********** FOUND **********/
    scanf("%d",&number)
    printf("The original array:\n");
    for(i=0;i<N-1;i++)
        printf("%5d",a[i]);
    printf("\n");
    /********** FOUND **********/
    for(i=N-1;i>=0;i--)
    if(number<=a[i])
    /********** FOUND **********/
        a[i]=a[i-1];
    else
    {
      a[i+1]=number;
      /********** FOUND **********/
      continue;
    }
    if(number<a[0]) a[0]=number;
        printf("The result array:\n");
    for(i=0;i<N;i++)
        printf("%5d",a[i]);
    printf("\n");
}
```

（3）找出一个二行三列二维数组中的最大值，输出该最大值及其行列下标，建议二维数组值由初始化给出。

```
#include "stdio.h"
#include "conio.h"
main()
{
    int i,j,max,s,t;
    /********** FOUND **********/
    int a[2][]={1,34,23,56,345,7};
```

```
clrscr();
/ * * * * * * * * * * FOUND * * * * * * * * * * /
max = 0;
s = t = 0;
for(i = 0;i < 2;i ++)
/ * * * * * * * * * * FOUND * * * * * * * * * * /
   for(j = 1;j < 3;j ++)
     if(a[i][j] > max)
     {  max = a[i][j];  s = i;  t = j; }
/ * * * * * * * * * * FOUND * * * * * * * * * * /
printf("max = a[%d][%d] = %d \n",i,j,max);
}
```

3. 程序设计

说明,所有题目均需添加 main( ),在 main( )中调用子函数并设计完整的输入输出才可调试通过。

(1) 功能:编写函数 float fun(int n),求一分数序列 2／1,3／2,5／3,8／5,13／8,21／13…的前 n 项之和。

说明:每一分数的分母是前两项的分母之和,每一分数的分子是前两项的分子之和。

例如:求前 20 项之和的值为 32.660259。

(2)完成子函数 int fun(int n),找出一个大于给定整数且紧随这个整数的素数,并作为函数值返回。

说明,以下四个关于数组的题目,可以先用一个 main( )函数实现,然后相关内容学习后再利用数组作函数参数的子函数和 main( )函数共同实现。

(3)功能:编写函数 void fun(int n,int a[ ]),按顺序将一个 4 位的正整数每一位上的数字存到一维数组,然后在主函数输出。例如输入 5918,则输出结果为 5 9 1 8。

(4)功能:编写函数 void　fun(int arr[ ],int n)将一个数组中的值按逆序存放,并在 main( )函数中输出。

例如:原来存顺序为 18,2,50,43,69。要求改为:69,43,50,2,18。

(5) 功能:程序定义了 N×N 的二维数组,并在主函数中自动赋值。请编写函数 void fun(int a[ ][N],int n),使数组 a 左下三角元素中的值乘以任意整数 n。

例如:若 n 的值为 2,a 数组中的值为

$$a = \begin{bmatrix} 1 & 9 & 7 \\ 2 & 3 & 8 \\ 4 & 5 & 6 \end{bmatrix} \text{则返回主程序后 a 数组中的值应为} \begin{bmatrix} 2 & 9 & 7 \\ 4 & 6 & 8 \\ 8 & 10 & 12 \end{bmatrix}$$

（6）功能：编写函数 void fun（int array［3］［3］），实现矩阵（3 行 3 列）的转置（即行列互换）。

例如：输入下面的矩阵：

```
100    200    300
400    500    600
700    800    900
```

程序输出：

```
100    400    700
200    500    800
300    600    900
```

五、实验注意事项

（1）调用系统库函数要包含相应头文件；

（2）函数可以嵌套调用，但不可以嵌套定义；

（3）注意数组的越界问题；

（4）找最大值（最小值）的算法：先将第一个值认为是最大（小）的，检索以后的值，判断如果当前数组元素值比保留在变量中的最大（小）值大（小），则用当前数组元素值替换该变量中的值。

六、讨论、思考题

1. 功能：编写函数 float fun（），利用以简单迭代方法 $X_{n+1} = \cos(X_n)$ 求方程：$\cos(x) - x = 0$ 的一个实根。迭代步骤如下：

（1）取 x1 初值为 0.0；

（2）x0 = x1，把 x1 的值赋给 x0；

（3）x1 = cos（x0），求出一个新的 x1；

（4）若 x0 - x1 的绝对值小于 0.000001，执行步骤（5），否则执行步骤（2）；

（5）所求 x1 就是方程 $\cos(x) - x = 0$ 的一个实根，作为函数值返回。

输出：程序将输出结果 Root = 0.739085。

2. 功能：编写 float fun（float array［］，int n），统计出若干个学生的平均成绩，最高分以及得最高分的人数。

例如：输入 10 名学生的成绩分别为 92，87，68，56，92，84，67，75，92，66，则输出平均成绩为 77.9，最高分为 92，得最高分的人数为 3 人。

3. 编写函数 int fun（int lim，int aa［MAX］），该函数的功能是求出小于 lim 的所有素数并放在 aa 数组中,该函数返回求出素数的个数。

4. 功能:编写函数 int fun(int a[M][M]),求 5 行 5 列矩阵的主、副对角线上元素之和。注意,两条对角线相交的元素只加一次。

5. 功能:请编一个函数 void fun(int tt[M][N],int pp[N]),tt 指向一个 M 行 N 列的二维数组,求出二维数组每列中最小元素,并依次放入 pp 所指一维数组中。二维数组中的数已在主函数中赋予。

实验 3　高级程序设计

一、实验目的

（1）理解 C 语言中指针的本质,区分指针与指针变量,掌握有关指针的应用;

（2）熟练掌握字符串常量和字符串的存储及字符串处理函数的使用;

（3）掌握字符指针的定义、使用等;

（4）掌握向函数传递字符串的方法。

二、实验要求

（1）调试程序要记录调试过程中出现的问题及解决办法;

（2）编写程序要规范、正确,上机调试过程和结果要有记录,并注意调试程序集成环境的掌握及应用,不断积累编程及调试经验;

（3）做完实验后撰写本实验的实验报告。

三、实验设备、环境

奔腾以上计算机,装有 windows XP 以上版本操作系统和 Visual C++6.0 软件。

四、实验步骤及内容

1. 程序调试

（1）main()

```
{  int a =10,b =20,x, *pa, *pb;
   pa =&a;pb =&b;
   printf("%d,%d,%d,%d",a,b, *pa, *pb);
   x = *pa; *pa = *pb; *pb =x;
   printf("%d,%d,%d,%d",a,b, *pa, *pb);
}
```

（2）main()

```
{  int a =10,b =20, *p, *pa =&a, *pb =&b;
   printf("%d,%d,%d,%d",a,b, *pa, *pb);
```

```
                p = pa;pa = pb;pb = p;
                printf("%d,%d,%d,%d",a,b,*pa,*pb);
                 }
(3)  int *swap(int *a,int *b)
     {  int *p;
        p = a; a = b; b = p;
        return(a);
     }
     main()
     {  int x = 3,y = 4,z = 5;
        swap(swap(&x,&y),&z);
        printf("%d,%d,%d",x,y,z);
     }
```

思考:上面程序中函数 swap( )预将两个数的值相互交换,但结果为什么没有交换?

2. 程序改错

要求:1. 改错时,只允许修改现有语句中的一部分内容,不允许添加和删除语句。

　　　2. 提示行下一行为错误行。

(1)功能:为一维数组输入 10 个整数;将其中最小的数与第一个数对换,将最大的数与最后一个数对换,输出数组元素。

```
#include <stdio.h>
void input(int *arr,int n)
{
    int *p,i;
    p = arr;
    printf("please enter 10 integers:\n");
    for(i = 0;i < n;i++)
    /********** ERROR ********** /
    scanf("%d",p);
}
void max_____min(int *arr,int n)
{
    int *min,*max,*p,t;
    min = max = arr;
```

```
for(p = arr +1;p < arr +n;p ++)
   /* * * * * * * * * * ERROR * * * * * * * * * * /
   if(*p < *max)
     max = p;
   else if (*p < *min) min = p;
     t = * arr; * arr = * min; * min = t;
 / * * * * * * * * * * ERROR * * * * * * * * * * /
 if(max = arr) max = min;
 t = * (arr +n -1);
   * (arr +n -1) = *max;
   * max = t;
}
void output(int * arr,int n)
{
   int *p,i;
   p = arr;
   printf("The changed array is:\n");
   / * * * * * * * * * * ERROR * * * * * * * * * * /
   while(i = 0;i < n;i ++)
     printf("%3d", *p ++);
   printf("\n");
}
main()
{
   int a[10];
   input(a,10);
   max_min(a,10);
   output(a,10);
}
```

(2) 功能：将 s 所指字符串的反序和正序进行连接形成一个新串放在 t 所指的数组中。

例如：当 s 所指的字符串的内容为"ABCD"时，t 所指数组中的内容为"DCBAABCD"。

```
#include < conio.h >
```

```c
#include <stdio.h>
#include <string.h>
/********** FOUND ********** /
void fun (char  s, char  t)
{
    int  i, d;
    /********** FOUND ********** /
    d = len(s);
    /********** FOUND ********** /
    for (i = 1; i < d; i++)
       t[i] = s[d - 1 - i];
    for (i = 0; i < d; i++)
       t[d + i] = s[i];
    /********** FOUND ********** /
    t[2 * d] = '/0';
}
main()
{
    char  s[100], t[100];
    printf("\nPlease enter string S:");
    scanf("%s", s);
    fun(s, t);
    printf("\nThe result is: %s \n", t);
}
```

3. 程序设计

说明,所有要求子函数的题目均需添加 main( ),在 main( )中调用子函数并设计完整的输入输出才可调试通过。

(1) 编写一 main( )函数,要求利用指针,实现从键盘输入三个数,然后按照由小到大的顺序输出此三个数。

(2) 功能:编写函数 float fun (float * a, int n),用来计算 n 门课程的平均分,结果作为函数值返回。其中数组 a 中保存了 n 门课程的 分数。

例如:若有 5 门课程的成绩是:90. 5,72,80,61. 5,55,则函数的值为:71. 80。

(3) 功能:请编写一个函数 void fun(int * s, int n, int * k),用来求出数组 s 中的最

大元素在数组中的下标,用 k 带回。其中 n 为主函数数组中的数据个数。

例如:在主函数中输入如下整数:876 675 896 101 301 401 980 431 451 777　　则在主函数中输出结果为:6,980

(4) 功能:编写函数 void len_cat(char c1[ ],char c2[ ])将第二个串连接到第一个串之后,不允许使用 strcat 函数。

(5) 功能:编写函数 void fun(char ∗ str,char ch)从字符串 str 中删除指定的字符 ch。

要求:本问题要求用两种算法分别实现,一是直接删除算法即查找符合删除条件的并逐次前移实现;二是间接删除算法即查找不符合删除条件的并保留下来,而保留的方法可以采用利用本数组和引入临时数组两种实现。

说明:该字符可能多次和连续出现,算法应全面考虑。

(6) 功能:编写函数 long　fun (char ∗ p),将一个数字字符串转换为一个整数(不得调用 C 语言提供的将字符串转换为整数的函数)。

例如:若输入字符串" – 1234",则函数把它转换为整数值 – 1234。

五、实验注意事项

1. 对计算机执行程序过程中分配存储空间及地址的理解;

2. 变量的直接引用与间接引用的区别;

3. 字符串的结束标志是'\0',通常以此作为控制循环的条件。

六、讨论、思考题

(1) 功能:请编写函数 void　fun(char　(∗s)[N], char ∗ b),将 M 行 N 列的二维数组中的字符数据按列的顺序依次放到一个字符串中。

例如:二维数组中的数据为:

```
W    W    W    W
S    S    S    S
H    H    H    H
```

则字符串中的内容应是:WSHWSHWSHWSH。

(2) 功能:编写函数 void fun(char str[ ],int i,int n),从字符串 str 中删除第 i 个字符开始的连续 n 个字符(注意:str[0]代表字符串的第一个字符)。

(3) 功能:编写函数 int fun(char ∗ s,char t[ ]),将 s 所指字符串中除了下标为奇数、同时 ASCII 值也为奇数的字符之外,其余的所有字符都删除,串中剩余字符所形成的一个新串放在 t 所指的数组中;函数返回新串中字符的个数。

例如:若 s 所指字符串中的内容为:"ABCDEFG12345",其中字符 A 的 ASCII 码值虽为奇数,但所在元素的下标为偶数,因此必需删除;而字符 1 的 ASCII 码值为奇数,所在数组中的下标也为奇数,因此不应当删除,其他依此类推。最后 t 所指的数组中的内容应是:"135";函数返回值为 3。

（4）功能:请编写函数 int fun(char * s),统计一行字符串中单词的个数作为函数值返回。规定所有单词由小写字母组成,单词之间由若干个空格隔开,一行的开始没有空格。

（5）功能:编写函数 void fun(char s[ ])将一个由四个数字组成的字符串转换为每两个数字间有一个空格的形式输出。

例如:输入"4567",应输出"4□5□6□7"(□表示空格)。

实验 4　构造类型程序设计

一、实验目的

（1）熟悉结构体和共同体的概念；

（2）熟悉并掌握结构体变量、数组和共同体变量的定义、赋值与使用；

（3）掌握结构体指针的定义与引用；

（4）掌握链表的概念，初步学会对链表进行操作；

（5）熟悉文件打开、关闭、写入、读出的方法；学会使用文件操作函数。

二、实验要求

（1）调试程序要记录调试过程中出现的问题及解决办法；

（2）编写程序要规范、正确，上机调试过程和结果要有记录，并注意调试程序集成环境的掌握及应用，不断积累编程及调试经验；

（3）做完实验后给出本实验的实验报告。

三、实验设备、环境

奔腾以上计算机，装有 windows XP 以上版本操作系统和 Visual C++6.0 软件。

四、实验步骤及内容

1. 程序调试

（1）struct aa
```
    { int x,*y;}*p;
    int a[8]={10,20,30,40,50,60,70,80};
    struct aa b[4]={100,&a[1],200,&a[3],10,&a[5],20,&a[7]};
    main()
    { p=b;
      printf("%d",*++p->y);
      printf("%d\n",++(p->x));
    }
```

（2）

```
struc STU
 { char name[10];
    int num;
 };
void f1(struct STU c)
 { struct STU b = {"LiSiGuo",2042};
    c = b;
 }
void f2(struct STU *c)
 { struct STU b = {"SunDan",2044};
    *c = b;
 }
main()
 { struct STU a = {"YangSan",2041},b = {"WangYin",2043};
    f1(a);f2(&b);
    printf("%d %d\n",a.num,b.num);
 }
```

2. 程序设计

（1）学生记录由学号和成绩组成,结构体类型定义如下:

```
typedef struct
 { char num[10];
     double s;
 } STREC;
```

功能:a 所指向的数组中有 N 名学生的数据,请编写函数 int   fun(STREC a[ ],STREC b[ ]),把 a 数组中分数最高的学生数据放在 b 所指的数组中。分数最高的学生可能不止一个,函数返回分数最高的学生人数。

要求在 main 函数完成数据输入,及输出最高分和所有分数最高的学生相关信息。

（2）求某一位学生的成绩平均分。某学生的记录由学号、8 门课程成绩和平均分组成,学号和 8 门课程的成绩已在主函数中给出,请编写函数 fun,其功能是:求出该学生的平均分,并放入记录的 ave 成员中。

例如,学生的成绩是:85.5,76,69.5,85,91,72,64.5,87.5,则他的平均分应为78.875。

```
#include <stdio.h>
```

```
#define  N  8
typedef  struct
{  char  num[10];
   double  s[N];
   double  ave;
} STREC;
void  fun(STREC * a)
{


}
main()
{  STREC   s = {"GA005",85.5,76,69.5,85,91,72,64.5,87.5};
   int   i;
   fun( &s);
   printf("The %s's student data:\n", s.num);
   for(i = 0;i < N; i ++)
      printf("%4.1f \n",s.s[i]);
   printf("\nave = %7.3f \n",s.ave);
}
```

（3）从键盘输入一系列字符（以 $ 作为输入结束标志），将其存入文件 file1.txt 中，再从该文件中查找某个字符（该字符可以输入），如果查找成功将返回成功标志，否则返回不成功标志。

五、实验注意事项

1. 结构体变量占用的存储空间是各成员占用空间之和；

2. 对链表的检索应从链表开始结点开始，顺着链一直找下去，直到找到符合要求的结点或到达链表结尾（链表指针为 NULL）。

六、讨论、思考题

（1）功能：a 所指的数组中有 N 名学生的数据，请编写函数 double fun(STREC * a, STREC * b,int * n)，把低于平均分的学生数据放在 b 所指的数组中，低于平均分的学生人数通过形参 n 传回，平均分通过函数值返回。

要求在 main 函数完成数据输入，及输出平均分和低于平均分的学生相关信息。

结构体声明如下：

```
typedef struct
{   char num[10];
    double s;
} STREC;
```

(2)功能：N 名学生的成绩已在主函数中放入一个带头节点的链表结构中，h 指向链表的头节点。请编写子函数 double fun(STREC ＊h)，找出学生的最高分，由函数值返回。

说明，链表的创立建议另定义一子函数实现，并在主函数中调用实现。

注意：链表的节点类型定义如下：

```
struct slist
{   double s;
    struct slist *next;
};
typedef struct slist STREC;
```